本书读者对象：全国青少年信息学奥赛参赛者，9～13岁学生人群。

AI 数学

丛日明　姜添耀　丛心尉　编著

中国海洋大学出版社

·青岛·

图书在版编目（CIP）数据

AI数学／丛日明，姜添耀，丛心尉编著. —青岛：
中国海洋大学出版社，2024.7. --ISBN 978-7-5670-
3929-2

Ⅰ. O1-49

中国国家版本馆CIP数据核字第20240JE875号

AI SHUXUE

出版发行	中国海洋大学出版社	
社　　址	青岛市香港东路 23 号	**邮政编码**　266071
网　　址	http://pub.ouc.edu.cn	
出 版 人	刘文菁	
责任编辑	邓志科　张瑞丽	
电　　话	0532-85901040	
电子信箱	1365898479@qq.com	
印　　制	日照日报印务中心	
版　　次	2024 年 7 月第 1 版	
印　　次	2024 年 7 月第 1 次印刷	
成品尺寸	170 mm × 230 mm	
印　　张	10.25	
字　　数	200 千	
印　　数	1—1000	
定　　价	58.00 元	
订购电话	0532-82032573（传真）	

发现印装质量问题，请致电 0633-2298958，由印刷厂负责调换。

开设 AI 数学课程的必要性
（代前言）

全球范围内小学、初中、高中、大学目前使用的理工科教材中尚未编入近代数学与现代数学的部分知识。例如，中国大陆中小学目前使用的数学教材未涉及二进制的相关内容。

众所周知，4G 改变生活，5G 改变社会。那 6G 会带来哪些改变呢？社会发展越来越快，科技进步越来越快，第四次工业革命可能马上来临，全社会 70％ 的工作可能将被 AI 所代替。如果当下 9～13 岁的小朋友，现在不学习 AI，不学习数学，将来长大了，就可能是"文盲"。

2020 年 9 月 11 日，中共中央总书记、国家主席、中央军委主席习近平在北京亲自主持召开的科学家座谈会上，明确指出要"加强数学、物理、化学、生物等基础学科建设"。这是党和国家最高领导人的第一次提出。由此可见，数理化生基础教学，已经被提高到国家战略层面的高度。当下很多大学都在开办"少年班"，这是其中一项重要措施。

不可否认，人一生下来就有差别。2020 年 7 月 29 日，任正非先生在复旦大学的有关座谈会上，明确提出要多样化办学，实施有差别教育。1977 年开始，中国大陆的教育体制，培养出一批又一批学生，却很少有人拿到诺贝尔奖。

直言不讳,本书的每一个字都是数学工作者写出来的。但是,本书的具体内容(写什么,不写什么)却不是数学工作者确定的。这也就是说,本书完全打破了传统的数学知识体系,重新架构出各个章节的具体内容。因此,本书的属性是科技训练原创教程。

　　本书作者开设 AI 数学课程最直接的原因,是为参加信息学奥赛的全国青少年提供数学理论支撑。这是因为,本书本来就是根据信息学的需要编写的,参赛者学习 AI 数学课程才能站得高、走得远。否则,参赛者直接去参加信息学比赛,很难达到预期效果。

丛日明　姜添耀　丛心尉

2022 年寒假

目　录

第1章　数制与逻辑运算

1.1　数制的概念

1.1.1　预备知识

作为预备知识,本节先学习(复习)幂的有关计算。

定义:表示一个非零数自乘若干次的形式,称为<u>幂</u>(也称为<u>乘方</u>)。

例如,设 $a \neq 0$,则 $a^3 = a \times a \times a$ 称为 a 的<u>三次幂</u>或<u>三次乘方</u>。

一般地,设 $a \neq 0$,则 $a^n = \underbrace{a \times a \times \cdots \times a}_{n \text{个} a}$($n$ 为正整数)。

1.1.1.1　同底数幂的乘法

法则 1:设 $a \neq 0$,则 $a^m \times a^n = a^{m+n}$(m、n 均为正整数)。

即:同底数的幂相乘,底数不变,指数相加。

【例 1】 计算:(1) $10^3 \times 10^5$;

(2) $(-a)^2 \cdot (-a)^4 \cdot (-a)^3$;

(3) $(x-y)^2 \cdot (y-x)$。

解析:(1) 因为两个幂的底数都是 10,两个指数 3 与 5 应相加,所以 $10^3 \times 10^5 = 10^{3+5} = 10^8$。

(2) 因为三个幂的底数都是 $(-a)$,三个指数应相加,所以原式 $= (-a)^{2+4+3} = (-a)^9 = (-1)^9 \cdot a^9 = -a^9$。

(3) 因为两个幂的底数不同,应先把 $(x-y)^2$ 化为 $(y-x)^2$,所

以原式 $=(y-x)^2 \cdot (y-x)=(y-x)^{2+1}=(y-x)^3$。

注 1：上述法则 1 可以逆向使用，即 $a^{m+n}=a^m \times a^n (a \neq 0, m 、 n$ 均为正整数)。

注 2：幂指数是 1 时，不要误认为没有指数，如 $a \cdot a^2=a^3$，而 $a \cdot a^2 \neq a^2$。

1.1.1.2 幂的乘方

法则 2：设 $a \neq 0$，则 $(a^m)^n=a^{m \cdot n}(m 、 n$ 均为正整数)。

即：幂的乘方，底数不变，指数相乘。

【例 2】 （单选题）下列计算结果为 a^6 的是(   )。

A. $a^2 \cdot a^3$ B. a^4+a^2 C. $(a^2)^3$ D. $(-a^2)^3$

解析：因为 A 选项，$a^2 \cdot a^3=a^5$；B 选项，$a^4+a^2 \neq a^6$；C 选项，$(a^2)^3=a^{2 \times 3}=a^6$；D 选项，$(-a^2)^3=(-1)^3 \cdot (a^2)^3=-a^6$。

所以选 C。

注 1：在法则 2 中，底数可以是单独的数字或字母，也可以是其他数学表达式。

注 2：法则 2 可以逆向使用，即 $a^{m \cdot n}=(a^m)^n=(a^n)^m (a \neq 0, m 、 n$ 均为正整数)。

1.1.1.3 积的乘方

法则 3：设 $a \neq 0, b \neq 0$，则 $(ab)^n=a^n \cdot b^n (n$ 为正整数)。

即：积的乘方，等于把积的每一个因式分别乘方，再把所得的幂相乘。

【例 3】 计算：(1) $(-xy)^4$；   (2) $(-2x^{n-1})^3$；   (3) $(3 \times 10^2)^3$。

解析：(1) 原式 $=(-1)^4 x^4 y^4=x^4 y^4$。

（2）原式 $=(-2)^3(x^{n-1})^3=-8x^{3n-3}$。

（3）原式 $=3^3 \cdot (10^2)^3=27\times10^6=2.7\times10\times10^6=2.7\times10^7$。

注 1：法则 3 可以逆向使用，即 $a^n \cdot b^n=(ab)^n（a\neq0$ 且 $b\neq0,n$ 为正整数）。

注 2：法则 3 可以推广到多个因式，如 $(abc)^n=a^n \cdot b^n \cdot c^n（a\neq0$ 且 $b\neq0,n$ 为正整数）。其中，尤其应该注意字母的系数，不要漏掉其乘方。

1.1.1.4　同底数幂的除法

法则 4：设 $a\neq0$，则 $a^m\div a^n=a^{m-n}（m、n$ 为正整数）。

即：同底数的幂相除，底数不变，指数相减。

【例 4】　计算：（1）$(-x)^6\div(-x)^3$；

（2）$b^{2m+2}\div b^{2m-1}$；

（3）$(x-2y)^3\div(2y-x)^2$。

解析：（1）原式 $=(-x)^{6-3}=(-x)^3=(-1)^3 \cdot x^3=-x^3$。

（2）原式 $=b^{2m+2-(2m-1)}=b^3$。

（3）原式 $=(x-2y)^3\div(x-2y)^2=(x-2y)^{3-2}=x-2y$。

注 1：法则 4 可以逆向使用。即 $a^{m-n}=a^m\div a^n（a\neq0,m、n$ 为正整数）。

注 2：法则 4 中的 a 可以是单独的数字或字母，也可以是其他数学表达式，但 $a\neq0$。

1.1.1.5　零指数幂

因为由除法的一般意义，得 $a^m\div a^m=\dfrac{a^m}{a^m}=1（a\neq0）$，

又因为由法则 4,得 $a^m \div a^m = a^{m-m} = a^0 \ (a \neq 0)$,

所以规定:$a^0 = 1 \ (a \neq 0)$。

注 1:$a^0 = 1 \ (a \neq 0)$ 是对零指数幂意义的规定,不可理解 a^0 是 0 个 a 相乘。

注 2:规定 $a^0 = 1$ 的前提条件是 $a \neq 0$。如果 $a = 0$,则称 a^0 无意义。

1.1.1.6 负整数指数幂

因为由除法的一般意义,得 $a^2 \div a^5 = \dfrac{a \cdot a}{a \cdot a \cdot a \cdot a \cdot a} = \dfrac{1}{a^3} (a \neq 0)$,

又因为由法则 4,得 $a^2 \div a^5 = a^{2-5} = a^{-3} \ (a \neq 0)$,

所以定义:$a^{-3} = \dfrac{1}{a^3} \ (a \neq 0)$。

一般地,定义:$a^{-n} = \dfrac{1}{a^n} \ (a \neq 0, n$ 为正整数)。

注 1:引进"零指数幂"和"负整数指数幂"之后,关于"正整数指数幂"的所有法则、性质,仍然成立(证明从略)。

注 2:在一切有关幂的运算中,最终计算结果都要化成正整数指数幂的形式。

练习题 1.1(A)

1. (单选题)已知 $a \neq 0$,在下列各式中,不正确的是(　　)。

  A. $(-5a)^0 = 1$ B. $\left(a^2 + \dfrac{1}{2}\right)^0 = 1$

$$\text{C.} \ (a+1)^0=1 \qquad\qquad \text{D.} \ \left(\frac{1}{2}\right)^0=1$$

2. 计算:(1) 4^{-2};(2) $\left(\dfrac{1}{10}\right)^{-3}$;(3) -3^{-3};(4) $(-2)^{-3}$;(5) $(-16)^{-1}$。

3. 计算:(1) $(x^{-3}yz^{-2})^2$;(2) $(a^{-3}b)^2(a^{-2}b^2)^2$;

(3) $(2m^2n^{-3})^3(-mn^{-2})^{-2}$。

4. (1) 已知 $5^x=3,5^y=2$,求 5^{2x-3y} 的值;

(2) 已知 $3x+5y-3=0$,求 $8^x\cdot32^y$ 的值。

5. 计算:$(-0.125)^{2\,020}\times8^{2\,021}$。

1.1.2　什么是数制

数制一般解释为"计数制",也可解释为"数的进位制度"。

定义 1:用一组固定的符号和统一的规则表示数值的方法,称为数制。

定义 2:在数制中,表示基本数值大小的不同数字符号,称为数码。

例如,十进制有 10 个数码:0,1,2,3,4,5,6,7,8,9。

再如,二进制有 2 个数码:0,1。

定义 3:数码在一个数中的位置,称为数位。在某种"数的进位制度"中,每个数位上所能使用的数码符号的个数,称为基数。

例如,在八进制中,数码符号有且只有 8 个:0,1,2,3,4,5,6,7。其基数为 8。

定义 4:处在每个数位上的数码符号所表示的数值的大小(所处位置的价值),等于该数位上的数码乘上一个固定的数值,这个固定的数值称为位权。

例如,十进制的数 365,3 的位权是 100,6 的位权是 10,5 的位权是 1。这是因为,$365 = 3 \times 100 + 6 \times 10 + 5 \times 1$,而 $365 \neq 3 + 6 + 5$,$365 \neq 3 \times 6 \times 5$。

关系定理:在各种数的进位制度中,位权的值＝基数的若干次幂。

如 $365 = 3 \times 100 + 6 \times 10 + 5 \times 1$

$\qquad = 3 \times 10^2 + 6 \times 10^1 + 5 \times 10^0$

其中,10^2、10^1、10^0 分别是 3、6、5 的位权。

1.1.2.1 十进制

数码有且只有 10 个:0,1,2,3,4,5,6,7,8,9。

基数为 10。

规则特点是:逢 10 进 1。

表示形式为:$(D)_{10} = D_{n-1} \times 10^{n-1} + \cdots + D_1 \times 10^1 + D_0 \times 10^0 + D_{-1} \times 10^{-1} + \cdots + D_{-m} \times 10^{-m}$。

位权的值＝10 的若干次幂。

1.1.2.2 二进制

数码有且只有 2 个:0,1。

基数为 2。

规则特点是:逢 2 进 1。

表示形式为:$(B)_2 = B_{n-1} \times 2^{n-1} + \cdots + B_1 \times 2^1 + B_0 \times 2^0 + B_{-1} \times 2^{-1} + \cdots + B_{-m} \times 2^{-m}$。

位权的值＝2 的若干次幂。

1.1.2.3　八进制

数码有且只有 8 个:0,1,2,3,4,5,6,7。

基数为 8。

规则特点是:逢 8 进 1。

表示形式为:$(S)_8 = S_{n-1} \times 8^{n-1} + \cdots + S_1 \times 8^1 + S_0 \times 8^0 + S_{-1} \times 8^{-1} + \cdots + S_{-m} \times 8^{-m}$。

位权的值 = 8 的若干次幂。

1.1.2.4　十六进制

数码有且只有 16 个:0,1,2,3,4,5,6,7,8,9,A,B,C,D,E,F。

基数为 16。

规则特点是:逢 16 进 1。

表示形式:$(H)_{16} = H_{n-1} \times 16^{n-1} + \cdots + H_1 \times 16^1 + H_0 \times 16^0 + H_{-1} \times 16^{-1} + \cdots + H_{-m} \times 16^{-m}$。

位权的值 = 16 的若干次幂。

【例 1】　求下列各数的展开式:

(1) $(627)_{10}$;

(2) $(101\ 101)_2$;

(3) $(6\ 247)_8$;

(4) $(4F9)_{16}$。

解析:根据上述关系定理,参照几种常用数制的表示形式,按照位权展开各数,得

(1) $(627)_{10} = 6 \times 10^2 + 2 \times 10^1 + 7 \times 10^0$。

(2) $(101\ 101)_2 = 1 \times 2^5 + 0 \times 2^4 + 1 \times 2^3 + 1 \times 2^2 + 0 \times 2^1 + 1 \times 2^0$。

(3) $(6\ 247)_8 = 6 \times 8^3 + 2 \times 8^2 + 4 \times 8^1 + 7 \times 8^0$。

(4) $(4F9)_{16}=4\times16^2+15\times16^1+9\times16^0$。

【例2】 求下列各数的展开式:

(1) $(365.27)_{10}$;　　　　　　　(2) $(101.11)_2$;

(3) $(147.26)_8$;　　　　　　　(4) $(4F9.7A)_{16}$。

解析:注意小数点后各数字的位权应是负指数。

(1) $(365.27)_{10}=3\times10^2+6\times10^1+5\times10^0+2\times10^{-1}+7\times10^{-2}$。

(2) $(101.11)_2=1\times2^2+0\times2^1+1\times2^0+1\times2^{-1}+1\times2^{-2}$。

(3) $(147.26)_8=1\times8^2+4\times8^1+7\times8^0+2\times8^{-1}+6\times8^{-2}$。

(4) $(4F9.7A)_{16}=4\times16^2+15\times16^1+9\times16^0+7\times16^{-1}+10\times16^{-2}$。

注:请读者思考,如果将上式右边的数值计算出来,它应该是几进制的数值呢?

练习题 1.1(B)

1. 求下列各数的展开式:

(1) $(14\ 367)_{10}$;　　　　　　　(2) $(10\ 101)_2$;

(3) $(11\ 267)_8$;　　　　　　　(4) $(2DE)_{16}$。

2. 求下列各数的展开式:

(1) $(436.29)_{10}$;　　　　　　　(2) $(10\ 101.11)_2$;

(3) $(127.54)_8$;　　　　　　　(4) $(B4C.2F)_{16}$。

1.2　数制的转换

1.2.1　其他进制的数转换为十进制的数

方法：根据"关系定理"，先按"位权"展开，再依次计算乘方、乘法、加法。

【例1】 $(110\ 110.1)_2 = 1\times2^5 + 1\times2^4 + 0\times2^3 + 1\times2^2 + 1\times2^1 +$

$$0\times2^0 + 1\times2^{-1}$$

$$= 32 + 16 + 0 + 4 + 2 + 0 + 0.5$$

$$= (54.5)_{10}$$

【例2】 $(70\ 263.5)_8 = 7\times8^4 + 0\times8^3 + 2\times8^2 + 6\times8^1 + 3\times8^0 + 5$

$$\times8^{-1}$$

$$= 28\ 672 + 0 + 128 + 48 + 3 + 0.625$$

$$= (28\ 851.625)_{10}$$

【例3】 $(1B6)_{16} = 1\times16^2 + 11\times16^1 + 6\times16^0$

$$= 1\ 792 + 160 + 15 + 0.625$$

$$= (1\ 967.625)_{10}$$

【例4】 $(7AF.A)_{16} = 7\times16^2 + 10\times16^1 + 15\times16^0 + 10\times16^{-1}$

$$= 1\ 792 + 160 + 15 + 0.625$$

$$= (1\ 967.625)_{10}$$

练习题 1.2(A)

1. 将下列各数转换为十进制的数：

(1) $(101)_2$；

(2) $(10\ 101)_2$；

(3) $(1\ 101)_2$；

(4) $(101\ 101)_2$；

$(5)\ (217)_8$； $(6)\ (11\ 267)_8$；

$(7)\ (647)_8$； $(8)\ (1\ 254)_8$；

$(9)\ (1F9)_{16}$； $(10)\ (A47)_{16}$；

$(11)\ (4C7)_{16}$； $(12)\ (2DF)_{16}$。

2. 将下列各数转换为十进制的数：

$(1)\ (110.11)_2$； $(2)\ (1\ 011.1)_2$；

$(3)\ (11\ 011.01)_2$； $(4)\ (436.5)_8$；

$(5)\ (761.2)_8$； $(6)\ (1\ 234.5)_8$；

$(7)\ (2DF.A)_{16}$； $(8)\ (4C7.8)_{16}$；

$(9)\ (1E2.2)_{16}$。

1.2.2 十进制的整数转换为其他进制的数

方法：(除基取余法)将十进制的整数除以相应的基数,除到商是 0 为止,然后"逆序取余"。

【**例5**】 将十进制的数 365 转换为二进制的数。

解析：
```
2|365
 2|182---------1
  2|91---------0
   2|45---------1
    2|22---------1
     2|11---------0
      2|5---------1
       2|2---------1
        2|1---------0
         0---------1
```

逆序取余,得 $(365)_{10} = (101\ 101\ 101)_2$。

【**例6**】 将十进制的数 185 转换为八进制的数。

解析：
```
8|185
 8|23---------1
  8|2---------7
   0---------2
```

逆序取余,得 $(185)_{10} = (271)_8$。

【例7】 将十进制的数 3 981 转换为十六进制的数。

解析:
```
16 | 3981
  16 | 248 --------13(D)  ↑
    16 | 15 --------8      |
        0 --------15(F)    |
```

逆序取余,得 $(3\ 981)_{10} = (F8D)_{16}$。

1.2.3 十进制的小数转换为其他进制的数

方法:(乘基取整法)将十进制的小数乘上相应的基数,乘到满足精度要求为止(一般取小数点后的 **4** 位),然后"顺序取整"。

【例8】 将十进制的小数 0.35 分别转换为二进制、八进制、十六进制的数。

解析:(1)
$$0.35 \times 2 = 0.7 \cdots\cdots\cdots 0$$
$$0.7 \times 2 = 1.4 \cdots\cdots\cdots 1$$
$$0.4 \times 2 = 0.8 \cdots\cdots\cdots 0$$
$$0.8 \times 2 = 1.6 \cdots\cdots\cdots 1$$

顺序取整,得 $(0.35)_{10} = (0.010\ 1)_2$。

(2)
$$0.35 \times 8 = 2.8 \cdots\cdots\cdots 2$$
$$0.8 \times 8 = 6.4 \cdots\cdots\cdots 6$$
$$0.4 \times 8 = 3.2 \cdots\cdots\cdots 3$$
$$0.2 \times 8 = 1.6 \cdots\cdots\cdots 1$$

顺序取整,得 $(0.35)_{10} = (0.263\ 1)_8$。

(3)
$$0.35 \times 16 = 5.6 \cdots\cdots\cdots 5$$
$$0.6 \times 16 = 9.6 \cdots\cdots\cdots 9$$

顺序取整,得$(0.35)_{10}=(0.599\ 9)_{16}$。

说明:将例 8 的结果与上述例 5、例 6、例 7 的结果有机结合,得

$(365.35)_{10}=(101\ 101\ 101.010\ 1)_2$

$(185.35)_{10}=(271.263\ 1)_8$

$(3\ 981.35)_{10}=(F8D.599\ 9)_{16}$

练习题 1.2(B)

1. 将十进制的数 185.92 转换为二进制的数。

2. 将十进制的数 345 分别转换为八进制、十六进制的数。

3. 双向练习:先将下列等式左边转换到右边,再将右边转换到
左边。

$(110\ 011)_2=(51)_{10}$ $(11\ 110)_2=(30)_{10}$

$(1\ 101.1)_2=(13.5)_{10}$ $(11\ 011.01)_2=(27.25)_{10}$

$(33.2)_8=(27.25)_{10}$ $(3F.C)_{16}=(63.75)_{10}$

1.3   二进制与逻辑运算

1.3.1   二进制的优点

为什么在计算机中采用二进制?这主要是因为二进制具有以下
4 个优点。

1.3.1.1   可靠性

二进制的数有且只有 0 和 1 两种状态,在传输和处理的过程中,
不容易出错。

1.3.1.2 可行性

二进制的数有且只有 0 和 1 两个数码,采用电子器件很容易实现,而其他进制则很难实现。

1.3.1.3 简易性

二进制的运算规则简单,这使得计算机中的运算器结构大大简化,控制简单。

1.3.1.4 逻辑性

二进制中的 0 和 1 两种状态,可以分别代表逻辑运算中的"假"和"真"。

1.3.2 逻辑运算

1.3.2.1 命题与逻辑

从数学角度看,人们平时说话有且只有下列 4 种句子。其中,具有真假意义的一句话,称为一个命题,记作 $A,B,C,\cdots$

(1)"北京是新中国的首都"是一个命题,因为这是一句真话;

(2)"威海是亚洲的金融中心"是一个命题,因为这是一句假话;

(3)"你到哪里去?"不是一个命题,因为这句话不具有真假意义;

(4)"雨上得泰山真火"不是一个命题,因为这甚至不能算是一句话。

定义 1:如果 A 是一个真命题,则规定 A 的值等于 1,记作 $A=1$;如果 B 是一个假命题,则规定 B 的值等于 0,记作 $B=0$。将命题数量化之后的取值,称为命题的真值。

【例 1**】** (1)设 A 表示"北京是新中国的首都",则 $A=1$;

(2)设 B 表示"威海是亚洲的金融中心",则 $B=0$;

（3）设 C 表示"3 是 15 的约数"，则 $C=1$；

（4）设 D 表示"5＞6"，则 $D=0$。

任意一个命题的真值只能是 0 或 1，二者必居其一，且不可兼得。

1.3.2.2 逻辑加法

定义 2：设 A，B 是两个命题，则"A 或者 B"也是一个命题，这个新命题称为 <u>A 与 B 的或</u>，记作 $A+B$，也可记作 $A \lor B$。

【例 2】 设 A 表示"明天刮风"，B 表示"明天下雨"，则 $A+B$ 表示"明天刮风或下雨"。容易看到，当且仅当 A 和 B 都为假时，即"明天既不刮风也不下雨"时，$A+B=0$。只要 A 和 B 中有一个为真时（包括"明天只刮风不下雨""明天只下雨不刮风""明天既刮风又下雨"三种情况），$A+B=1$。

$A+B$ **真值表**：由例 2 知，$A+B$ 的真值规律如下表 1-1 所示。

表 1-1 $A+B$ 真值表

A	B	$A+B$
0	0	0
0	1	1
1	0	1
1	1	1

【例 3】 由下列并联电路图 1-1，容易得到下列三个逻辑变量 $A+B+C$ 的真值表 1-2。

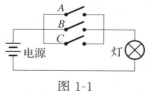

图 1-1

表 1-2　$A＋B＋C$ 真值表

A	B	C	$A＋B＋C$
0	0	0	0
0	0	1	1
0	1	0	1
0	1	1	1
1	0	0	1
1	0	1	1
1	1	0	1
1	1	1	1

1.3.2.3　逻辑乘法

定义 3：设 A,B 是两个命题，则"A 并且 B"也是一个命题，这个新命题称为 A 与 B 的且，记作 $A×B$，也可记作 $A∧B$。

【例 4】　设 A 表示"明天刮风"，B 表示"明天下雨"，则 $A×B$ 表示"明天刮风且下雨"。容易看到，当且仅当 A 和 B 都为真时，即"明天既刮风又下雨"时，$A×B＝1$。只要 A 和 B 中有一个为假时（包括"明天只刮风不下雨""明天只下雨不刮风""明天既不刮风也不下雨"三种情况），$A×B＝0$。

$A×B$ **真值表**：由例 4 知，$A×B$ 的真值表规律如下表 1-3 所示。

表 1-3　$A×B$ 真值表

A	B	$A×B$
0	0	0
0	1	0
1	0	0
1	1	1

【例 5】 由下列串联电路图 1-2,容易得到下列三个逻辑变量 $A \times B \times C$ 的真值表 1-4。

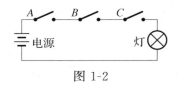

图 1-2

表 1-4 $A \times B \times C$ 真值表

A	B	C	$A \times B \times C$
0	0	0	0
0	0	1	0
0	1	0	0
0	1	1	0
1	0	0	0
1	0	1	0
1	1	0	0
1	1	1	1

1.3.2.4 逻辑否定

定义 4: 设 A 是一个命题,则"A 是不对的"也是一个命题,这个新命题称为 <u>A 的非</u>,记作 $\overline{A}$,读作"非 A"。

【例 6】（1）设 A 表示"深圳是中国的最大城市",则 $\overline{A}$ 表示"深圳不是中国的最大城市"。容易看到,这里 $A=0,\overline{A}=1$;

（2）设 A 表示"平行线不相交",则 $\overline{A}$ 表示"平行线相交"。

容易看到,这里 $A=1,\overline{A}=0$。

$\overline{A}$ **真值表**：由例 6 知，$\overline{A}$ 与 A 的真值必定相反，其规律如下表 1-5 所示。

表 1-5 $\overline{A}$ 真值表

A	$\overline{A}$
0	1
1	0

练习题 1.3

1. 单项选择题：

（1）在逻辑运算中，"逻辑加法"的符号表示是（　　）。

　　A. ＋　　　　　B. －　　　　　C. ×　　　　　D. ∧

（2）"两个条件同时满足的情况下结论才成立"对应的逻辑运算是（　　）。

　　A. 逻辑否定　　　　　B. 逻辑加法

　　C. 逻辑乘法　　　　　D. 无法确定

（3）两个二进制数 1 与 1 分别进行算术加法、逻辑加法，运算结果用二进制形式分别表示为（　　）。

　　A. 1，10　　　　　　　B. 1，1

　　C. 10，1　　　　　　　D. 10，10

（4）下列逻辑运算，正确的是（　　）。

　　A. $0 \times 1 = 1$

　　B. $1 + 0 = 0$

　　C. $1 + 1 = 1$

　　D. $1 \times 1 = 0$

2. 填写下列真值表 1-6：

表 1-6

A	B	$A \times B$	$\overline{A \times B}$	$\overline{A} + \overline{B}$
0	0			
0	1			
1	0			
1	1			

3. 填写下列真值表 1-7：

表 1-7

A	B	$\overline{A}$	$\overline{B}$	$\overline{A} \times \overline{B}$	$\overline{A} \times \overline{B} + A$	$\overline{A} \times \overline{B} + A + \overline{B}$
0	0					
0	1					
1	0					
1	1					

4. 用真值表验证 $\overline{A \times B} + A + B = 1$ 是否成立？

5. 写出下列各式的运算结果：

(1) $1 + \overline{0} + \overline{1} \times 1$

(2) $\overline{1} \times 0 + 0 + \overline{0} + 1 \times 1$

(3) $\overline{\overline{0 \times 0} + 0}$

(4) $(0 + (\overline{0 \times 1 + 1})) + (\overline{1} \times 0 + \overline{0})$

(5) $\overline{1} \times 0 + \overline{\overline{1} + 0} + 1 \times \overline{1}$

(6) $1 + \overline{0} \times 0 + \overline{1} + 1 \times 1$

6. 填写下列真值表 1-8：

表 1-8

A	B	C	$\overline{A}$	$\overline{B}$	$\overline{C}$	$\overline{A}+\overline{B}$	$(\overline{A}+\overline{B})\times\overline{C}$	$(\overline{A}+\overline{B})\times\overline{C}+A$
0	0	0						
0	0	1						
0	1	0						
0	1	1						
1	0	0						
1	0	1						
1	1	0						
1	1	1						

第2章 集合与函数简介

2.1 集合的概念

2.1.1 预备知识

作为预备知识,本节先学习(复习)一元一次不等式的解法。

2.1.1.1 实数的三趾性

设 a、b 是两个任意实数,则 $a>b$,$a<b$,$a=b$ 三者必居其一,且不可兼得。通常,人们将此称为<u>实数的三趾性</u>。

定理:设 a、b 是两个实数,则

(1) $a>b$ 等价于 $a-b>0$;

(2) $a<b$ 等价于 $a-b<0$;

(3) $a=b$ 等价于 $a-b=0$。

【例1】 设 x 是实数,试比较两个代数式 $3x+1$ 与 $2x+1$ 的大小。

解析:因为 $(3x+1)-(2x+1)=x$,所以

(1) 如果 $x>0$,则 $3x+1>2x+1$;

(2) 如果 $x<0$,则 $3x+1<2x+1$;

(3) 如果 $x=0$,则 $3x+1=2x+1$。

2.1.1.2　有限区间与无限区间

所谓区间,是指限定在某个范围的所有实数构成的整体,它们在数轴上表示的几何意义,十分明确。

有限区间

所谓有限区间,是指下列四种长度为有限数的区间,如表 2-1 所示。

设 a、b 是两个实数,且 $a<b$,则

表 2-1　有限区间

定义	名称	记号	数轴表示
满足 $a<x<b$	开区间	(a,b)	
满足 $a\leqslant x\leqslant b$	闭区间	$[a,b]$	
满足 $a<x\leqslant b$	左开右闭区间	$(a,b]$	
满足 $a\leqslant x<b$	左闭右开区间	$[a,b)$	

无限区间

所谓无限区间,是指下列五种长度为无限数的区间,如表 2-2 所示。其中,∞ 读作"无穷大",$+\infty$ 读作"正无穷大",$-\infty$ 读作"负无穷大"。

设 a 是一个确定的实数,则

表 2-2　无限区间

定义	名称	记号	数轴表示
满足 $x>a$	无限区间	$(a,+\infty)$	○———→ a x
满足 $x\geqslant a$	无限区间	$[a,+\infty)$	●———→ a x
满足 $x<a$	无限区间	$(-\infty,a)$	———○→ a x
满足 $x\leqslant a$	无限区间	$(-\infty,a]$	———●→ a x
满足 $-\infty<x<+\infty$	无限区间	$(-\infty,+\infty)$	整个数轴

2.1.1.3　一元一次不等式解法

含有一个未知量 x，且 x 的指数是 1 的不等式，称为一元一次不等式。

不等式的基本性质

性质 1：如果 $a>b$，则 $a\pm c>b\pm c$。

性质 2：如果 $a>b$，$c>0$，则 $ac>bc\left(\text{或}\dfrac{a}{c}>\dfrac{b}{c}\right)$。

性质 3：如果 $a>b$，$c<0$，则 $ac<bc\left(\text{或}\dfrac{a}{c}<\dfrac{b}{c}\right)$。

性质 4：如果 $a>b$，$b>c$，则 $a>c$（传递性）。

一元一次不等式解法

利用不等式的性质，解一元一次不等式的一般步骤为：去分母，去括号，移项，合并同类项，系数化为 1。

【例2】　解不等式 $\dfrac{3x-2}{5} \geqslant \dfrac{2x+1}{3} - 1$，并把它的解在数轴上表示出来。

解析：去分母，得 $3(3x-2) \geqslant 5(2x+1) - 15$，

去括号，得 $9x - 6 \geqslant 10x + 5 - 15$，

移项，得 $9x - 10x \geqslant 5 - 15 + 6$，

合并同类项，得 $-x \geqslant -4$，

系数化为 1，得 $x \leqslant 4$。

图 2-1

此解在数轴上表示，如图 2-1 所示。

2.1.2　集合与元素

具有某种共同属性的事物的全体，称为<u>集合</u>。集合中的各个不同对象，称为这个集合中的<u>元素</u>。例如，

（1）某个班的全体学生可以组成一个集合，其中每个学生都是元素；

（2）某个工厂的所有机器可以组成一个集合，其中每台机器都是元素；

（3）小于 10 的正偶数 2，4，6，8 可以组成一个集合，其中每个数都是元素；

（4）一条直线上所有的点可以组成一个集合，其中每个点都是元素。

注 1：集合中的元素，可以是各种各样具体的或抽象的事物。在数学中，人们主要研究数的集合（简称**数集**）和点的集合（简称**点集**）。

注 2：通常，人们用大写字母 A，B，C，$\cdots$ 表示集合，用小写英文字

母 $a,b,c,\cdots$ 表示元素。对于几个常用的数集,全球统一规定用黑体加粗的固定字母,表示如下。

(1) 所有非负整数组成的集合,称为**自然数集**,记作 **N**。

(2) 自然数集中排除 0 这一个元素所得的集合,称为**正整数集**,记作 $\mathbf{N}_+$。

(3) 所有整数组成的集合,称为**整数集**,记作 **Z**。

(4) 设 n 是整数,m 是整数且 $m \neq 0$,形如 $\dfrac{n}{m}$ 的数,称为有理数$\Big(n$ 能被 m 整除时,$\dfrac{n}{m}$ 是整数;n 不能被 m 整除时,$\dfrac{n}{m}$ 是分数$\Big)$。所有有理数组成的集合,称为**有理数集**,记作 **Q**。

(5) 不能写成分数 $\dfrac{n}{m}$ 形式的数,称为无理数(即无限不循环小数)。有理数与无理数,统称为实数。所有实数组成的集合,称为**实数集**,记作 **R**。

定义 1:如果 x 是集合 A 的元素,则称 **x 属于 A**,记作 $x \in A$,读作"x 属于 A";如果 x 不是集合 A 的元素,则称 **x 不属于 A**,记作 $x \notin A$,读作"x 不属于 A"。

注 1:设 x 是任意一个元素,A 是任意一个集合,则 $x \in A$ 或 $x \notin A$,二者必居其一,且不可兼得。例如 $2 \in \mathbf{N}$,$\sqrt{3} \notin \mathbf{Q}$。

注 2:含有无限多个元素的集合,称为**无限集**,例如 **R** 是一个无限集。含有有限个元素的集合,称为**有限集**,例如"小于 10 的正偶数"是一个有限集。特别地,有且只有一个元素的集合,称为**单元素集**,例如方程 $x-2=0$ 的解组成的集合(简称**解集**)是一个单元素集。更特别地,为了研究集合理论的需要,不含任何元素的集合称为**空集**,记作∅。例如设 $x \in \mathbf{R}$,方程 $x^2 + 1 = 0$ 的解集是空集 ∅(空集具有唯一性)。

注3:由上述举例可以看到,集合中的元素必须具有下列性质:

(1)集合中元素的**确定性**。例如,对于"小于10的正偶数"这个集合,谁是它的元素,谁不是它的元素,都是十分明确的。

(2)集合中元素的**互异性**,即集合中的元素不允许重复出现。例如,对于某个确定的教学班这一集合,在该班的考试成绩表上,每个同学的名字只出现一次。

(3)集合中元素的**无序性**,即可以不计较集合中元素的排列顺序。例如由 2,4,6,8 四个数组成的集合与由 8,6,4,2 四个数组成的集合,都是"小于10的正偶数"这一个集合。

2.1.3 集合的表示法

2.1.3.1 列举法

将集合中的元素一一列举出来,彼此之间用逗号隔开,写在大括号内。其中,将元素写在大括号内,表明集合是由这些元素组成的整体。

【**例1**】 绝对值小于3的整数组成的集合,可以表示为{-2,-1,0,1,2}。

【**例2**】 方程 $x - 3 = 0$ 的解集,可以表示为{3}。

注1:{3}表示一个集合,而3是这个集合的元素。一般地,a 与 $\{a\}$ 的区别是,a 表示一个元素,$\{a\}$ 表示一个集合(单元素集);a 与 $\{a\}$ 的关系是 $a \in \{a\}$。

注 2：如果一个集合中的元素很多或无限多时，可以列举出有代表性的元素之后，用省略号表示其余被省略的元素。其中，必须明确无误地表示出省略号的意义。

【例3】 不超过 100 的自然数集，可以表示为 $\{0,1,2,3,\cdots,100\}$。

【例4】 正整数集 $\mathbf{N}_+$，可以表示为 $\{1,2,3,\cdots\}$。

2.1.3.2 描述法

用确定的条件，表示某些元素是否属于这个集合，并将此条件写在大括号内。一般书写格式为 $\{x\mid p(x)\}$，竖线前写元素的代表，竖线后写元素的共同属性。

【例5】 不等式 $x+5>2$ 的解集，可以表示为 $\{x\mid x+5>2,x\in\mathbf{R}\}$。

【例6】 大于 -3 的所有整数组成的数集可以表示为 $\{x\mid x>-3,x\in\mathbf{Z}\}$。

注 1：因为通常是在实数范围内讨论问题，所以人们约定，如果从上下文看，$x\in\mathbf{R}$ 是明确的，例 5 中的集合可以表示为 $\{x\mid x+5>2\}$，但是，例 6 中的集合不可以表示为 $\{x\mid x>-3\}$。为什么？

注 2：例 6 中的集合可以用列举法表示为 $\{-2,-1,0,1,2,3,\cdots\}$。但是，例 5 中的集合不可以用列举法表示。为什么？

【例7】 所有偶数组成的集合（简称**偶数集**），可以表示为 $\{x\mid x=2k,k\in\mathbf{Z}\}$。

所有奇数组成的集合（简称**奇数集**），可以表示为 $\{x\mid x=2k+1,k\in\mathbf{Z}\}$。

注 1：偶数集、奇数集也可以分别表示为 $\{2k\mid k\in\mathbf{Z}\}$，$\{2k+1\mid k\in\mathbf{Z}\}$。

注 2：由例 6 与例 7 可见,表示同一个集合的方法可能不唯一。但是,无论怎样表示一个集合,都要遵循确切无误、简明扼要的原则。

注 3：在描述法中,有时为了简明扼要,还可以将集合中元素的名称直接写在大括号内。例如,{直角三角形},{奇数},{偶数}。

注 4：有时,人们还利用图形表示集合。这是因为图形具有形象直观的作用。例如,画一条封闭曲线,用其内部表示一个集合。

【例 8】　如果将不等式 $x+1 \geqslant 3$ 的解集记作 A,则 A 可以用图 2-2 表示。

【例 9】　如果将任意一个不是空集(简称**非空集**)的集合记作 B,则 B 可以用图 2-3 表示。

图 2-2　　　　　　　　　　　图 2-3

2.1.4　集合与集合之间的关系

定义 2：设 A、B 是两个集合,如果 A 的每一个元素都是 B 的元素,则称 A 是 B 的**子集**,记作 $A \subseteq B$ 或 $B \supseteq A$,读作“A 包含于 B”或“B 包含 A”。

注 1：例如,将 $\{1,2\}$ 记作 A,$\{1,2,3\}$ 记作 B,则 $A \subseteq B$。再例如,因为任意一个整数都是有理数,所以 $\mathbf{Z} \subseteq \mathbf{Q}$。

注 2：对于任意一个集合 A,因为它的每一个元素都属于 A,所以 $A \subseteq A$,即任意一个集合都是它自身的子集。特别地,因为空集不含任何元素,所以规定空集 $\varnothing$ 是任意集合 A 的子集,即 $\varnothing \subseteq A$。

注 3：符号 $\in$ 与 $\subseteq$ 不同,$\in$ 用于表示元素与集合之间的关系,$\subseteq$ 用

于表示集合与集合之间的关系,不可混淆。

定义 3:设 A 是 B 的子集,如果至少有一个元素 $x \in B$ 且 $x \notin A$,则称 A 是 B 的**真子集**,记作 $A \subsetneqq B$ 或 $B \supsetneqq A$,读作"A 真包含于 B"或"B 真包含 A"。

注 1:$A \subsetneqq B$ 的意义如图 2-4 所示。因为 $\varnothing \subseteq A$,所以由定义 3 知,设 A 是任意非空集,则 $\varnothing \subsetneqq A$,即空集 $\varnothing$ 是任意非空集 A 的真子集。

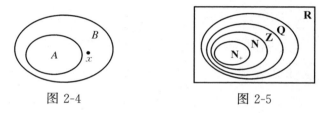

图 2-4   图 2-5

注 2:如图 2-5 所示,几个常用数集的包含关系为

$$\mathbf{N_+} \subsetneqq \mathbf{N} \subsetneqq \mathbf{Z} \subsetneqq \mathbf{Q} \subsetneqq \mathbf{R}.$$

注 3:由上述注 2 可见,集合与集合之间的包含关系符合下列传递性质定理(证明从略)。

定理 1:设 A、B、C 是三个集合,

(1) 如果 $A \subseteq B$ 且 $B \subseteq C$,则 $A \subseteq C$;

(2) 如果 $A \subsetneqq B$ 且 $B \subsetneqq C$,则 $A \subsetneqq C$。

【例 10】 写出集合 $\{a, b, c\}$ 的所有子集,并指出其中哪些是它的真子集。

解析:含有 0 个元素的子集为 $\varnothing$;

含有 1 个元素的子集为 $\{a\}, \{b\}, \{c\}$;

含有 2 个元素的子集为 $\{a, b\}, \{a, c\}, \{b, c\}$;

含有 3 个元素的子集为 $\{a,b,c\}$。

根据上述定义 2 和定义 3 可知,前七个子集是它的真子集。

注 1:在很多实际问题中,经常需要写出一个给定集合的所有子集。上述例 10 的解法规律性很强,值得借鉴。

注 2:由上述例 10 还可以看到,有限集 A 所有子集、真子集的个数关系,满足下列定理 2(证明从略)。

定理 2:如果有限集 A 所含元素的个数为 n,则 A 的子集个数为 2^n,真子集的个数为 2^n-1。

定义 4:设 A、B 是两个集合,如果 $A\subseteq B$ 且 $B\subseteq A$,则称这两个集合相等,记作 $A=B$。

注 1:由上述定义 4 知,所谓两个集合相等,其本质它们是同一个集合,即它们是由完全相同的元素组成。例如,设 $A=\{x\mid x^2=1\}$,$B=\{-1,\ 1\}$,则 $A=B$。

注 2:子集、真子集、集合相等,这三者之间的关系如下:

(1) $A\subseteq B$ 包含着 $A\subsetneqq B$ 或 $A=B$ 这两种情况;

(2) $A\subsetneqq B$ 或 $A=B$ 这两种情况,都可以写成 $A\subseteq B$。

注 3:上述定义 4 提供的思想方法十分重要。这是因为,在后续很多课程(大学数学、信息学)中,为了证明 $A=B$,只需证明 $A\subseteq B$ 的同时,再证明 $B\subseteq A$ 即可。

练习题 2.1

1. 用不等式表示下列不等关系:

(1) 实数 a 的平方是非负数;

(2) 两个实数 x,y 的乘积是正数;

（3）某公路立交桥，对于通过车辆的限度 H（单位 m）是 4 m。

2. 在下列各组数中，比较两个数的大小：

（1）$\dfrac{5}{7}$，$\dfrac{6}{7}$； （2）$\dfrac{2}{3}$，$\dfrac{2}{5}$； （3）$\dfrac{2}{3}$，$\dfrac{5}{7}$。

3. 设 x 是实数，试比较两个代数式 $(x+1)^2$ 与 x^2+2x 的大小。

4. 解下列各不等式，并把它们的解在数轴上表示出来。

（1）$\dfrac{2x-3}{7} \geqslant \dfrac{3x+2}{4}$； （2）$4x-2 < 3(1-3x)$。

5. 用适当符号 $\in$ 或 $\notin$ 填空：

（1）1＿＿＿＿＿ **N**； （2）-2＿＿＿＿＿ **R**； （3）$\dfrac{1}{2}$＿＿＿＿＿ **Z**；

（4）-5＿＿＿＿＿ **N**；（5）$\sqrt{2}$＿＿＿＿＿ **Q**； （6）π＿＿＿＿＿ **R**。

6. 用列举法表示下列各集合：

（1）$\{x \mid x=2k+1, k \in \mathbf{N}\}$；

（2）$\{x \mid x$ 是等腰直角三角形内角的度数$\}$。

7. 用适当方法表示下列各集合：

（1）不等式 $2x-5 > 3$ 的解集；

（2）绝对值小于 4 的实数组成的集合；

（3）数 5 的正整数倍组成的集合；

（4）所有锐角三角形组成的集合。

8. 设 $A=\{0,1,2,3\}$，试写出 A 的所有子集。

2.2　集合的运算

2.2.1　交集

在本书范围内,关于集合的运算,主要讲四种:交、并、差、补。

定义 1:设 A、B 是两个集合,由属于 A 且属于 B 的所有元素组成的新的集合,称为 A 与 B 的**交集**,记作 $A \cap B$,读作"A 交 B",即

$$A \cap B = \{x \mid x \in A \text{ 且 } x \in B\}。$$

注 1:图 2-6 中的阴影部分表示 A 与 B 的交集 $A \cap B$。其中,如果 $A \cap B \neq \varnothing$,则称 A 与 B **相交**;如果 $A \cap B = \varnothing$,则称 A 与 B **不相交**。显然,A 与 B 相交与不相交,二者必居其一,且不可兼得。

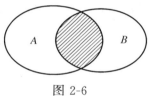

图 2-6

注 2:由交集的定义易得,对于任意两个集合 A 与 B,有

$$A \cap A = A,\ A \cap \varnothing = \varnothing,\ A \cap B = B \cap A。$$

【例 1】　设 $A = \{12 \text{ 的正约数}\}$,$B = \{18 \text{ 的正约数}\}$,试用列举法写出 12 与 18 的正公约数集。

解析:因为 $A = \{1,12,2,6,3,4\}$,$B = \{1,18,2,9,3,6\}$,所以由交集的定义知,12 与 18 的正公约数集是

$$A \cap B = \{1,12,2,6,3,4\} \cap \{1,18,2,9,3,6\} = \{1,2,3,6\}。$$

【例 2】　设 $A = \{x \mid x \geqslant -3\}$,$B = \{x \mid x < 2\}$,求 $A \cap B$。

解析:由交集的定义,得

$$A \cap B = \{x \mid x \geqslant -3\} \cap \{x \mid x < 2\} = \{x \mid x \geqslant -3 \text{ 且 } x < 2\},$$

如图 2-7 所示,利用数轴分析,得

$$A \cap B = \{x \mid -3 \leqslant x < 2\}$$

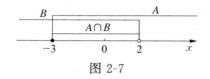

图 2-7

2.2.2 并集

定义 2:设 A、B 是两个集合,由属于 A 或属于 B 的所有元素组成的新的集合,称为 A 与 B 的<u>并集</u>,记作 $A \cup B$,读作"A 并 B",即

$$A \cup B = \{x \mid x \in A \text{ 或 } x \in B\}。$$

注 1:图 2-8 中的阴影部分表示 A 与 B 的并集 $A \cup B$。其中,包括 A 与 B 相交、不相交的两种情况,分别如图 2-8(a)、2-8(b)所示。

（a）　　　　　　　　　　（b）

图 2-8

注 2:由并集的定义易得,对于任意两个集合 A 与 B,有

$$A \cup A = A, \quad A \cup \varnothing = A, \quad A \cup B = B \cup A。$$

【例 3】 设 $A = \{x \mid |x| \leqslant 3, x \in \mathbf{Z}\}$,$B = \{x \mid -1 \leqslant x \leqslant 4, x \in \mathbf{Z}\}$,试用列举法写出 $A \cup B$。

解析:因为 $A = \{-3, -2, -1, 0, 1, 2, 3\}$,$B = \{-1, 0, 1, 2, 3, 4\}$,所以由并集定义,得(其中,重复的元素只记一次)

$$A \cup B = \{-3, -2, -1, 0, 1, 2, 3, 4\}。$$

【例4】 设 $A=\{x\,|\,-2<x<3\},B=\{x\,|\,1\leqslant x\leqslant 5\}$，求 $A\cup B$。

解析：由并集的定义，得

$$A\cup B=\{x\,|\,-2<x<3 \text{ 或 } 1\leqslant x\leqslant 5\},$$

如图 2-9 所示，利用数轴分析，得

$$A\cup B=\{x\,|\,-2<x\leqslant 5\}$$

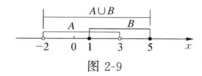

图 2-9

2.2.3 差集

定义 3：设 A、B 是两个集合，由属于 A 且不属于 B 的所有元素组成的新的集合，称为 A 与 B 的<u>差集</u>，记作 $A-B$，即

$$A-B=\{x\,|\,x\in A \text{ 且 } x\notin B\}。$$

注 1：图 2-10 中的阴影部分表示 A 与 B 的差集 $A-B$。

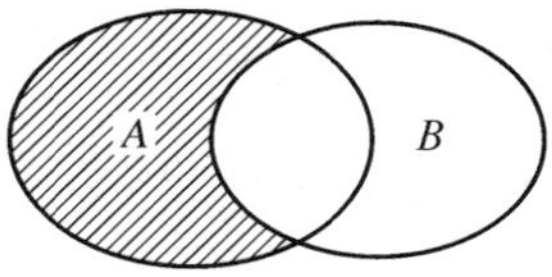

注 2：由差集的定义易得，对于任意两个集合 A 与 B，有

图 2-10

$$A-A=\varnothing，A-\varnothing=A，A-B\neq B-A。$$

【例5】 设 $A=\{x\,|\,-7<x\leqslant 3\},B=\{x\,|\,-1\leqslant x\leqslant 5\}$，求 $A-B$。

解析：由差集的定义，如图 2-11 所示，利用数轴分析，得

$$A-B=\{x\,|\,-7<x<-1\}。$$

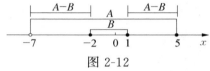

图 2-11

【例6】 设 $A=\{x\mid -7<x\leqslant 5\},B=\{x\mid -2\leqslant x\leqslant 1\}$，求 $A-B$。

解析： 由差集的定义，如图 2-12 所示，利用数轴分析，得

$$A-B=\{x\mid -7<x<-2 \text{ 或 } 1<x\leqslant 5\}。$$

图 2-12

2.2.4 补集

在某个确定的具体问题中，如果涉及到的所有集合都是某个集合的子集，则称这个集合是<u>全集</u>，记作 U。换句话说，全集 U 含有所要研究的各个集合的全部元素。在不同的问题中全集可以是不同的。然而，一旦所要研究的问题确定之后，全集的概念也就唯一确定了。例如，在实数范围内讨论问题，通常将实数集看作全集 U。

定义4： 设 A 是全集 U 的子集，即 $A\subseteq U$，由属于 U 且不属于 A 的所有元素组成的新的集合，称为 A 在 U 中的<u>补集</u>，记作 $\overline{A}$，即

$$\overline{A}=\{x\mid x\in U \text{ 且 } x\notin A\}。$$

注1： 在现行高中数学教材中，补集是记作 $\complement_U A$，只因为在所有信息学教材中，人们习惯用 $\overline{A}$ 表示补集，所以本书中将补集记作 $\overline{A}$。

注2： 图 2-13 中的阴影部分表示 A 在 U 中的补集 $\overline{A}$。一般地，用

一个矩形的内部表示全集 U,在矩形内用一条封闭曲线的内部表示 U 的子集,这种图形称为**维恩图**。

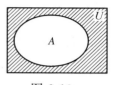

图 2-13

注 3: 由补集的定义易得,对于全集 U 的任意子集 A,有

$$A \cap \overline{A} = \varnothing,\ A \cup \overline{A} = U,\ \overline{\overline{A}} = A。$$

注 4: 在信息学中,人们经常使用下列**德·摩根定律**

(1) 设 A、B 是全集 U 的子集,则 $\overline{A \cap B} = \overline{A} \cup \overline{B}$, $\overline{A \cup B} = \overline{A} \cap \overline{B}$;

(2) 设 A、B、C 是全集 U 的子集,则

$$\overline{A \cap B \cap C} = \overline{A} \cup \overline{B} \cup \overline{C},\ \overline{A \cup B \cup C} = \overline{A} \cap \overline{B} \cap \overline{C}。$$

【例 7】 设全集 $U = \mathbf{R}$,求 $\overline{\mathbf{Q}}$。

解析: 由补集的定义,有理数集 $\mathbf{Q}$ 在实数集 $\mathbf{R}$ 内的补集,是所有无理数组成的集合,所以 $\overline{\mathbf{Q}} = \{$无理数$\}$。通常将 $\overline{\mathbf{Q}}$ 称为<u>无理数集</u>。

【例 8】 设 $A = \{4,5,6\}$,

(1) 如果全集 $U = \{1,3,4,5,6,7,9\}$,求 $\overline{A}$;

(2) 如果全集 $U = \{2,4,5,6,8,10\}$,求 $\overline{A}$。

解析: 由补集定义,得

(1) $\overline{A} = \{1,3,7,9\}$;

(2) $\overline{A} = \{2,8,10\}$。

注 1: 由上述例 8 可以看到,对于同一个集合 A,因为给定的全集 U 不同,所以补集 $\overline{A}$ 也不同。这在信息学中,需要注意。

注 2: 在上述交、并、差、补定义中,因为都有"新的集合"产生,所以交集、并集、差集、补集都是集合的运算。因为子集 $A \subseteq B$ 没有"新

的集合"产生,所以子集不属于集合的运算。

注 3: 现行高中数学教材中不讲差集,其理由是 $A-B=A\bigcap\overline{B}$,即联合使用交集、补集可以代替差集运算。因为信息学中直接使用 $A-B$,所以本书讲解差集。

2.2.5 包含排斥计数原理

【引例】 设某商店进货两次,第一次进货有钢笔、铅笔、橡皮、直尺、杯子共 5 种,第二次进货有铅笔、橡皮、杯子、足球共 4 种。问这两次共进了几种货?

解析: 如果回答两次共进 $5+4=9$ 种货,则显然是错误的。现在用集合 A、B 分别表示第一、二两次进货品种,则

$A=\{钢笔,铅笔,橡皮,直尺,杯子\}$,

$B=\{铅笔,橡皮,杯子,足球\}$。

于是,所求两次共进货的品种,其本质是求集合 A、B 的并集 $A\bigcup B$ 的元素个数。

定义: 设 A 是非空有限集,A 所含元素的个数,称为 A 的<u>元数</u>,记作 $|A|$。

注 1: 在上述引例中,$|A|=5$,$|B|=4$。一般地,非空有限集的元数是正整数。为了方便,人们规定空集的元数为 0,即 $|\varnothing|=0$。

注 2: 在现行高中数学教材中,非空有限集 A 的元数记作 $\text{card}(A)$。在信息学教材中,人们习惯用 $|A|$ 表示元数,所以本书将元数记作 $|A|$。

注 3: 在上述引例中,因为 $A\bigcap B=\{铅笔,橡皮,杯子\}$,所以 $|A\bigcap B|=3$。于是,所求问题的本质是

$$|A \cup B| = |A| + |B| - |A \cap B| = 5 + 4 - 3 = 6(种)。$$

定理 1：(包含排斥计数原理)设 A、B 是全集 U 的两个有限子集，则

$$|A \cup B| = |A| + |B| - |A \cap B|。$$

【例 9】 某培训班共有 26 名学生，其中 18 人学英语，12 人学日语，2 人免修外语，求该班同时学习这两种外语的有几人？

解析：设 $A = \{学英语者\}$，$B = \{学日语者\}$，则 $|A| = 18$，$|B| = 12$。

又因为 $A \cap B = \{同时学这两种外语者\}$，$|A \cup B| = 26 - 2 = 24$，所以由定理 1 得

$$|A \cap B| = |A| + |B| - |A \cup B| = 18 + 12 - 24 = 6(人)。$$

定理 2：(包含排斥计数原理的推广)设 A、B、C 是全集 U 的三个有限子集，则

$$|A \cup B \cup C| = |A| + |B| + |C| - |A \cap B| - |A \cap C| - |B \cap C| + |A \cap B \cap C|。$$

练习题 2.2

1. 设 $A = \{x \mid x > 0\}$，$B = \{x \mid x \leqslant 1\}$，求 $A \cap B$。

2. 设 $A = \{-2, 0, 3, 5, 8\}$，$B = \{-1, 0, 3, 5\}$，分别求 $A \cap B$，$A \cup B$。

3. 设 $A = \{1, 2, 4\}$，$B = \{4, 5, 7, 8\}$，$C = \{1, 2, 4, 8\}$，求 $(A \cap B) \cup (A \cap C)$。

4. 设 $A = \{1, 2, 3, 4, 5, 6, 7, 8\}$，$B = \{2, 4\}$，$C = \{1, 2, 5\}$，分别求 $A - B$，$A - C$。

5. 设 $A=\{x\mid-4<x\leqslant3\}$，$B=\{x\mid x\geqslant-1\}$，$C=\{x\mid x\leqslant2\}$，分别求 $A-B$，$A-C$。

6. 设全集 $U=\{0,1,2,3,4,5,6,7\}$，$A=\{1,3,5\}$，$B=\{2,4,7\}$，分别求 $\overline{A}$、$\overline{B}$。

7. 设全集 $U=\mathbf{R}$，$A=\{x\mid x\leqslant5\}$，$B=\{x\mid x>3\}$，分别求 $\overline{A}$、$\overline{B}$。

8. 设 $A\subsetneqq B$，分别求 $A\bigcap B$，$A\bigcup B$。

9. 设全集 $U=\{0,1,2,3,4,5,6,7,8,9\}$，$A=\{1,3,5\}$，$B=\{2,3,4\}$，

   (1) 分别求 $\overline{A\bigcap B}$，$\overline{A}\bigcup\overline{B}$，并以此验证德·摩根定律；

   (2) 分别求 $\overline{A\bigcup B}$，$\overline{A}\bigcap\overline{B}$，并以此验证德·摩根定律。

*10. 设 A、B 是全集 U 的子集，试证明 $A-B=A\bigcap\overline{B}$。

2.3　函数简介

2.3.1　平面直角坐标系

定义 1: 在平面内,由两条互相垂直的数轴构成的图形,称为<u>平面直角坐标系</u>。

注 1: 如图 2-14 所示,两条数轴的原点重合,称为平面直角坐标系的<u>原点</u>。水平的数轴称为 <u>x 轴</u>或<u>横轴</u>,一般取向右为 x 轴正方向;竖直的数轴称为 <u>y 轴</u>或<u>纵轴</u>,一般取向上为 y 轴正方向。

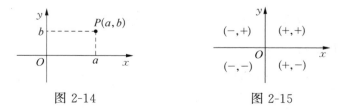

图 2-14   图 2-15

注 2：如图 2-14 所示，设坐标平面上任意一点为 P，过 P 分别向 x 轴、y 轴作垂线，垂足在 x 轴、y 轴对应的数值为 a、b，则**有序数对** (a,b) 称为点 P 的**坐标**，记作 $P(a,b)$。其中，a、b 分别称为点 P 的**横坐标**、**纵坐标**。

注 3：如图 2-15 所示，两条数轴将坐标平面分成四个部分，每个部分称为**象限**。其中，点的坐标符号为（＋，＋）、（－，＋）、（－，－）、（＋，－）的象限依次称为**第一象限**、**第二象限**、**第三象限**、**第四象限**。坐标轴上的点，不属于任何一个象限。

2.3.2 函数的定义

定义 2：在某个变化过程中，设有两个变量 x、y，如果对于变量 x 的每一个值，变量 y 有唯一确定的值与 x 对应，则称 y 是 x 的**函数**，记作 $y=f(x)$。其中，x 称为**自变量**，f 称为由 x 找到 y 的**对应法则**。使得函数有意义的 x 取值的数集，称为函数的**定义域**，记作 D。y 所能得到的函数值的全体，称为函数的**值域**，记作 M。

注 1：如图 2-16 所示，自变量 x 是主动的，函数值 y 是被动得到的。定义域 D、对应法则 f、值域 M 是组成函数 $y=f(x)$ 的三个要素。

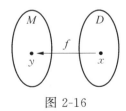

图 2-16

注 2：在本书范围内，求函数定义域的主要类型与方法如表 2-3。

表 2-3　函数定义域的主要类型及方法

函数类型	举例	自变量 x 的取值范围
整式函数类型	$y = 2x + 1$	x 取任意实数
分式函数类型	$y = \dfrac{1}{x+1}$	分母不等于 0
二次根式函数类型	$y = \sqrt{x+1}$	根号内大于等于 0
分式与根式混合类型	$y = \dfrac{1}{\sqrt{x+1}}$	根号内大于 0 但不等于 0
负整数指数类型	$y = x^{-2} = \dfrac{1}{x^2}$	分母不等于 0

【例1】　求函数 $y = \sqrt{x+2} + \sqrt{5-x}$ 的定义域。

解析：因为含有自变量 x 的式子 $\sqrt{x+2}$ 及 $\sqrt{5-x}$ 都是二次根式，所以必须使这两个二次根式都有意义，

所以解 $\begin{cases} x+2 \geq 0 \\ 5-x \geq 0 \end{cases}$，得 $\begin{cases} x \geq -2 \\ x \leq 5 \end{cases}$。

如图 2-17 所示，利用数轴分析，得所求定义域为 $-2 \leq x \leq 5$。

图 2-17

2.3.3　函数的图象

一般地，对于函数 $y = f(x)$，如果把自变量 x 与函数 y 的每一对对应值分别作为点的横坐标、纵坐标，那么在平面直角坐标中由这些点组成的图形，就是这个函数 $y = f(x)$ 的图象。画函数 $y = f(x)$ 图象的一般步骤如下(称为描点法)。

（1）列表：在定义域内适当取 x 的值，求出对应的 y 值，列表；

（2）描点：以所求 x、y 对应值为点的坐标，在坐标系中描点；

（3）连线：用平滑曲线，顺次连接各点，得所求图象。

【例 2】 用描点法画函数 $y = \dfrac{1}{2}x + 1$ 的图象。

解析：作为描点法的特例，根据"**两个点决定一条直线**"，

在函数 $y = \dfrac{1}{2}x + 1$ 中，

令 $x = 0$，得 $y = 1$；

令 $y = 0$，得 $x = -2$。

两个点 $(0,1)$、$(-2,0)$ 在直线上，如图 2-18 所示，所求图象为直线。

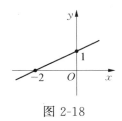

图 2-18

2.3.4 一次函数

定义 3：形如 $y = kx + b (k \neq 0)$ 的函数，称为<u>一次函数</u>。

一次函数的定义域为 $x \in (-\infty, +\infty)$。

注 1：特别地，$b = 0$ 时，$y = kx (k \neq 0)$ 称为<u>正比例函数</u>，k 称为<u>比例系数</u>。

注 2：一次函数 $y = kx + b (k \neq 0)$ 的图象是一条直线，所以也称直线 $y = kx + b$。

注 3：一次函数的图象、性质如表 2-4 所示。

表 2-4 一次函数的图象及性质

一次函数	$y=kx+b(k\neq0)$			
k、b 符号	$k>0$		$k<0$	
	$b>0$	$b<0$	$b>0$	$b<0$
图象				
性质	x 增大时 y 增大		x 增大时 y 减小	

【例3】 （单选题）设 $P_1(x_1,y_1)$、$P_2(x_2,y_2)$ 是一次函数 $y=-2x+1$ 图象上的两个点,则下列判断正确的是（   ）。

A. $y_1>y_2$ B. $y_1<y_2$

C. $x_1<x_2$ 时 $y_1<y_2$ D. $x_1<x_2$ 时 $y_1>y_2$

解析:因为一次函数 $y=-2x+1$ 中的 $k=-2<0$,所以自变量 x 增大时 y 减小,所以 $x_1<x_2$ 时 $y_1>y_2$。选 D。

2.3.5 二次函数

定义 4:形如 $y=ax^2+bx+c(a\neq0)$ 的函数,称为<u>二次函数</u>。

二次函数的定义域为 $x\in(-\infty,+\infty)$。

注 1:利用描点法可以作出二次函数的图象,称为<u>抛物线</u>,

所以也称抛物线 $y=ax^2+bx+c(a\neq0)$。

注 2:二次函数有下列三种常见表达式:

(1) <u>一般式</u> $y=ax^2+bx+c(a\neq0)$,等号右边也称为<u>二次三项式</u>;

（2）**顶点式** $y = a(x-h)^2 + k \ (a \neq 0)$，

抛物线的顶点坐标为 (h, k)，对称轴为直线 $x = h$。

（3）**交点式** $y = a(x - x_1)(x - x_2) \ (a \neq 0)$，

抛物线与 x 轴的两个交点坐标为 $(x_1, 0)$、$(x_2, 0)$。

注 3：抛物线顶点坐标 (h, k) 中的 h, k 可以用二次三项式中的 a、b、c 表示，推导如下：

$$y = ax^2 + bx + c = a\left(x^2 + \frac{b}{a}x + \frac{c}{a}\right)$$

$$= a\left[x^2 + \frac{b}{a}x + \left(\frac{b}{2a}\right)^2 - \left(\frac{b}{2a}\right)^2 + \frac{c}{a}\right]$$

$$= a\left[\left(x + \frac{b}{2a}\right)^2 + \frac{c}{a} - \frac{b^2}{4a^2}\right]$$

$$= a\left[\left(x + \frac{b}{2a}\right)^2 + \frac{4ac - b^2}{4a^2}\right]$$

$$= a\left(x + \frac{b}{2a}\right)^2 + \frac{4ac - b^2}{4a} \Rightarrow h = -\frac{b}{2a}, \ k = \frac{4ac - b^2}{4a}$$

注 4：二次函数的图象、性质如表 2-5 所示。

表 2-5　二次函数的图象及性质

二次函数	$y = ax^2 + bx + c \ (a \neq 0)$	
a 的符号	$a > 0$	$a < 0$
图象		
开口方向	向上	向下

续表

二次函数	$y = ax^2 + bx + c\,(a \neq 0)$	
a 的符号	$a > 0$	$a < 0$
顶点坐标	$\left(-\dfrac{b}{2a}, \dfrac{4ac - b^2}{4a}\right)$	
增减性	$x < -\dfrac{b}{2a}$ 时，y 随 x 增大而减小	$x < -\dfrac{b}{2a}$ 时，y 随 x 增大而增大
	$x > -\dfrac{b}{2a}$ 时，y 随 x 增大而增大	$x > -\dfrac{b}{2a}$ 时，y 随 x 增大而减小
最值	$x = -\dfrac{b}{2a}$ 时，y 最小值 $= \dfrac{4ac - b^2}{4a}$	$x = -\dfrac{b}{2a}$ 时，y 最大值 $= \dfrac{4ac - b^2}{4a}$

【例 4】 已知抛物线的顶点坐标为 $(1, -3)$，且抛物线与 y 轴相交于点 $(0, 1)$，求对应的二次函数的表达式。

解析：利用顶点式，设所求表达式为 $y = a(x - 1)^2 + (-3)$。

因为抛物线经过点 $(0, 1)$，

所以 $1 = a(0 - 1)^2 - 3 \Rightarrow a = 4$。

所以所求表达式为

$$y = 4(x - 1)^2 - 3 = 4x^2 - 8x + 1。$$

【例 5】 求抛物线 $y = \dfrac{1}{2}x^2 + 3x + \dfrac{1}{2}$ 的对称轴与顶点坐标。

解析：利用公式，因为 $a = \dfrac{1}{2}$，$b = 3$，$c = \dfrac{1}{2}$，

所以对称轴直线为 $x = -\dfrac{b}{2a} = -\dfrac{3}{2 \times \dfrac{1}{2}} = -3$，

又因为顶点纵坐标 $\dfrac{4ac-b^2}{4a}=\dfrac{4\times\dfrac{1}{2}\times\dfrac{1}{2}-3^2}{4\times\dfrac{1}{2}}=-4$,

所以所求顶点坐标为 $(-3,-4)$。

2.3.6 对数函数

定义 5：形如 $y=\log_a x(a>0,a\neq1)$ 的函数,称为**对数函数**。

对数函数的定义域为 $x\in(0,+\infty)$。其中,a 称为**底数**。

注 1：如果 $a=10$,则称为**常用对数**,简记作 $\lg x$,即 $\lg x=\log_{10}x$;

如果 $a=e$,则称为**自然对数**,简记作 $\ln x$,即 $\ln x=\log_e x$,

其中,无理数 $e=2.718\ 281\cdots$。

注 2：利用描点法,可以作出对数函数的图象,称为**对数曲线**,所以也称对数曲线 $y=\log_a x(a>0,a\neq1)$。

注 3：对数函数的图象、性质如表 2-6 所示。

表 2-6　对数函数的图象及性质

对数函数	$y=\log_a x(a>0,a\neq1)$	
a 的取值	$a>1$	$0<a<1$
图象		
特殊点	对数曲线经过点 $(1,0)$,即 $x=1$ 时 $y=0$	
增减性	$x>0$ 时,y 随 x 增大而增大	$x>0$ 时,y 随 x 增大而减小

【例6】 求下列各函数的定义域:(1) $y=\log_{\frac{1}{2}}(x+1)$;(2) $y=\log_3\dfrac{1}{2-x}$。

解析:(1) 因为要使函数有意义,只要 $x+1>0$,即 $x>-1$,

所以 $y=\log_{\frac{1}{2}}(x+1)$ 的定义域为 $x\in(-1,+\infty)$。

(2) 因为要使函数有意义,只要 $\dfrac{1}{2-x}>0$,即 $x<2$,

所以 $y=\log_3\dfrac{1}{2-x}$ 的定义域为 $x\in(-\infty,2)$。

【例7】 设 $a>0$ 且 $a\neq 1$,比较两个值 $\log_a 3.1$ 与 $\log_a 5.2$ 的大小。

解析:利用对数函数性质,这里需要分 $a>1$ 与 $0<a<1$ 两种情况讨论。

(1) $a>1$ 时,因为 $x>0$ 时,y 随 x 的增大而增大,又因为 $3.1<5.2$,

所以 $\log_a 3.1<\log_a 5.2$。

(2) $0<a<1$ 时,因为 $x>0$ 时,y 随 x 的增大而减小,又因为 $3.1<5.2$,

所以 $\log_a 3.1>\log_a 5.2$。

练习题2.3

1. 求下列各函数的定义域:

(1) $y=7x^3+2x^2-8x+1$;   (2) $y=3x-\dfrac{2}{x-1}$;

(3) $y=\sqrt{x+2}$。

2. 用描点法画下列各函数的图象：

(1) $y = x^3$；

(2) $y = x^{-1} = \dfrac{1}{x}$；

(3) $y = \sqrt{x}$；

(4) $y = x^{-2} = \dfrac{1}{x^2}$。

3. 设直线 $y = (1 - 3k)x + 2k - 1$，

(1) k 取何值时，直线经过坐标原点？

(2) k 取何值时，直线与 y 轴的交点坐标为 $(0, -2)$？

(3) k 取何值时，x 增大时 y 也增大？

4. 将二次函数的一般式 $y = 2x^2 - 8x - 1$ 化为顶点式 $y = a(x - h)^2 + k$。

5. 根据下列条件，分别求对应的二次函数的表达式，

(1) 抛物线经过点 $(0, -1)$、$(1, 0)$、$(-1, 2)$；

(2) 抛物线与 x 轴交于点 $(-3, 0)$、$(5, 0)$，且与 y 轴交于点 $(0, -3)$。

6. 求下列各函数的定义域：

(1) $y = \log_2(x - 3)$；

(2) $y = \log_\pi \sqrt{x}$；

(3) $y = \log_{0.3} \dfrac{1}{1 - 2x}$。

7. 比较下列各组中两个数的大小：

(1) $\log_{\frac{1}{2}} 2$ 与 $\log_{\frac{1}{2}} 3$；

(2) $\log_2 5.3$ 与 $\log_2 4.7$；

(3) $\lg 0.3$ 与 $\lg 0.31$；

(4) $\ln \dfrac{2}{3}$ 与 $\ln 0.6$。

***8.** 求满足不等式 $\log_2(2x - 1) < \log_2(5 - x)$ 的 x 的取值集合。

第3章 概率与统计初步

3.1 排列与组合

3.1.1 分类加法计数原理

在第 2 章中,我们学习过包含排斥计数原理。现在,再继续学习两个计数原理。

【引例】 从北京到哈尔滨,每天有飞机 4 班,火车 3 班,汽车 2 班,求乘坐这些交通工具,每天从北京到哈尔滨,有多少种不同方法?

解析:设第 1 类方法为乘飞机,有 $m_1=4$ 种不同方法;第 2 类方法为乘火车,有 $m_2=3$ 种不同方法;第 3 类方法为乘汽车,有 $m_3=2$ 种不同方法,则所求不同方法为

$$N=m_1+m_2+m_3=4+3+2=9(\text{种})。$$

定理:(分类加法计数原理)设完成一件事情有 n 类方案,只要选择其中一类方案中的任何一种方法,就能完成这件事情。如果第 1 类方案中有 m_1 种不同方法,第 2 类方案中有 m_2 种不同方法,$\cdots$,第 n 类方案中有 m_n 种不同方法,则完成这件事情的所有不同方法为

$$N=m_1+m_2+\cdots+m_n(\text{种})。$$

注 1:解题时,首先要明确"完成一件事情"指的是什么事情? 完成这件事情可以有哪些方法? 怎样才算是完成了这件事情?

注 2:完成这件事情的"n 类方案"是相互独立的,不论使用 n 类

方案中的哪一种"不同方法"都能单独、直接地完成这件事情,而不需要使用其他方法。

注 3:对于"n 类方案",要有明确的分类标准,其基本原则有两条:一是完成这件事情的任何一种方法,都必须归属于"分类方案"中的某一类;二是不同类别中的任何方法,都必须是"不同的方法"。这也就是说,"分类方案"在囊括"不同方法"时,必须做到既不遗漏又不重复。

【例 1】 已知某初级中学的初三共有三个班,各班人数如表 3-1 所示。

表 3-1

班级	人数		
	男生数	女生数	合计
初三(1)	14	12	26
初三(2)	15	13	28
初三(3)	13	11	24

(1) 从这三个班中任选一人当学生会主席,共有多少种不同选法?

(2) 从初三(1)男生或其他两个班女生中选一人当学生会生活部部长,共有多少种不同选法?

解析:(1)依题意,从这三个班中任选一人当学生会主席,有三类方案:

第 1 类,从初三(1)中任选 1 人,有 26 种不同方法;

第 2 类,从初三(2)中任选 1 人,有 28 种不同方法;

第 3 类,从初三(3)中任选 1 人,有 24 种不同方法。

所以由"分类加法计数原理"知,所求不同选法为

$N = 26 + 28 + 24 = 78$(种)。

(2)依题意,选生活部长,有三类方案:

第 1 类,从初三(1)男生中任选 1 人,有 14 种不同方法;

第 2 类,从初三(2)女生中任选 1 人,有 13 种不同方法;

第 3 类,从初三(3)女生中任选 1 人,有 11 种不同方法。

所以由"分类加法计数原理"知,所求不同选法为

$N = 14 + 13 + 11 = 38$(种)。

3.1.2 分步乘法计数原理

【引例】 从北京经上海到深圳,每天上午从北京到上海有飞机 5 班、下午从上海到深圳有飞机 4 班,求乘坐飞机每天从北京经上海到深圳,有多少种不同方法?

解析:设第 1 步从北京到上海,有 $m_1 = 5$ 种不同方法;第 2 步从上海到深圳,有 $m_2 = 4$ 种不同方法。因为上午每一个航班到达上海后,下午都可以分别乘 4 班飞机到深圳,所以所求不同方法为

$$N = m_1 \times m_2 = 5 \times 4 = 20 \text{(种)}。$$

定理:(分步乘法计数原理)设完成一件事情,必须依次分成连续的 n 个步骤才能完成。如果完成第 1 步有 m_1 种不同方法,完成第 2 步有 m_2 种不同方法,$\cdots$,完成第 n 步有 m_n 种不同方法,则完成这件事情的所有不同方法为

$$N = m_1 \times m_2 \times \cdots \times m_n \text{(种)}。$$

注 1:解题时,首先要明确"完成一件事情"指的是什么事情?怎

样才算是完成了这件事情？需要分成哪几个步骤才能完成这件事情？

注 2：在"依次分成连续的 n 个步骤"中，只有每个步骤都完成了，才算是完成了这件事情，缺少其中任何一个步骤，这件事情就不可能完成。

注 3：上述两个原理，既有区别又有联系。联系是两个原理都是求"完成一件事情"究竟有多少种"不同方法"；区别如表 3-2 所示。

表 3-2　分类加法计数原理与分步乘法计数原理的区别

区别	分类加法计数原理	分步乘法计数原理
①	是针对"分类"问题	是针对"分步"问题
②	各种不同方法相互独立	各个步骤不是独立的
③	用其中任何一种方法 都能完成这件事情	只有所有步骤都做完 才能完成这件事情

注 4：因为解题时，两个原理的使用容易混淆，所以解题前，必须分清楚是"分类"还是"分步"。当问题比较复杂时，需要同时使用两个原理，此时的一般规律是：先"分类"，再"分步"。

思维方法引导 1：分类则加，分步则乘。

思维方法引导 2：先分类，再分步。

【例 2】　现有 A、B、C、D 共 4 个学生争夺数学、物理、化学三科知识竞赛冠军，且每 1 科只产生 1 个冠军，求共有多少种不同的产生冠军的可能情况？

解析：依题意，完成"产生冠军"这件事情，可以分成三个步骤：

第 1 步，产生数学冠军。因为数学冠军是被其中 1 人夺得，所以

有 4 种不同情况;

第 2 步,产生物理冠军。因为夺得数学冠军的那个人,还可以去争夺物理冠军,所以物理冠军仍是由 4 人争夺,有 4 种不同情况;

第 3 步,产生化学冠军。与上同理,产生化学冠军也有 4 种不同情况。

所以根据"分步则乘",所求产生冠军的可能情况为

$$N = 4 \times 4 \times 4 = 4^3 = 64（种）。$$

【例 3】 USAP 考试的监考规定,每个考场必须有三个监考教师,其中至少要有一个女教师。现从 2 个女教师和 5 个男教师中选出 3 人去监考,求共有多少种不同的安排方案?

解析:依题意,这里需要"先分类,再分步"。其中,分类为二:第 1 类是安排 1 个女教师;第 2 类是安排 2 个女教师。紧接着,在每一类中,分步为二:第 1 步是安排女教师;第 2 步是安排男教师。具体分析如下:

第 1 类,安排 1 个女教师。其中,第 1 步,从 2 个女教师中安排 1 个,有 2 种不同方法;第 2 步,从 5 个男教师中安排 2 个,有 10 种不同方法。根据"分步则乘",这第 1 类中有 2×10=20 种不同安排方案。

第 2 类,安排 2 个女教师。其中,第 1 步,从 2 个女教师中安排 2 个女教师,只有 1 种方法;第 2 步,从 5 个男教师中安排 1 个,有 5 种不同方法。根据"分步则乘",这第 2 类中有 1×5=5 种不同安排方案。

所以根据"分类则加",本题所求的不同的安排方案为

$$N = 20 + 5 = 25（种）。$$

3.1.3　排列

【引例】　从 A、B、C 三个同学中选一个班长和一个副班长,求共有多少种不同选法?

解析:依题意,完成"选 1 个班长和 1 个副班长"这件事,可以分成两步:

第 1 步,先从三个同学中选出 1 个班长,有 3 种不同方法;

第 2 步,再从余下两个同学中选 1 个副班长,有 2 种不同方法。

所以根据"分步则乘",所求不同选法为

$N=3\times2=6$(种)。

注 1:在此引例中,"A 当班长、B 当副班长"与"B 当班长、A 当副班长"不是同一件事。

注 2:所求 6 种不同选法,其来历与结果,如表 3-3 所示。

表 3-3

班长	副班长	得到的排列
A	B	AB
	C	AC
B	A	BA
	C	BC
C	A	CA
	B	CB

定义 1:从 n 个不同元素中,任取 $m(m\leqslant n)$ 个元素,按照一定顺序排成一列,称为从 n 个不同元素中取出 m 个元素的一个<u>排列</u>。

注 1:在排列的定义中,"按照一定顺序排成一列"这句话十分重要,它强调排列与顺序有关。如果顺序不同,则是不同的排列。

注 2：判别两个排列相同，其条件是：(1) 元素完全相同；

(2) 元素的排列顺序也完全相同。

定义 2：从 n 个不同元素中，取出 $m(m \leqslant n)$ 个元素的所有不同排列的个数，称为从 n 个不同元素中取出 m 个元素的排列数，记作 A_n^m。

排列数公式：$A_n^m = n(n-1)(n-2)\cdots(n-m+1)$。

公式的记忆：$A_n^m =$ 从 n 开始向后乘，乘 m 个数。如 $A_{10}^3 = 10 \times 9 \times 8 = 720$。

【例 4】 计算：(1) A_{20}^4；   (2) $A_8^4 - 5A_3^2$。

解析：(1) $A_{20}^4 = 20 \times 19 \times 18 \times 17 = 116\ 280$。

(2) $A_8^4 - 5A_3^2 = 8 \times 7 \times 6 \times 5 - 5 \times 3 \times 2 = 6 \times 5 \times (8 \times 7 - 1) = 30 \times 55 = 1\ 650$。

定义 3：特别地，从 n 个不同元素中取出 n 个（即全部取出）的一个排列，称为全排列。

在排列数 A_n^m 中，当 $m = n$ 时，A_n^n 称为全排列数，即

$$A_n^n = n(n-1)(n-2)\cdots\cdots 3 \times 2 \times 1。$$

全排列数 A_n^n 也称为 n 的阶乘，记作 $n!$，即

$$A_n^n = n(n-1)(n-2)\cdots\cdots 3 \times 2 \times 1 = n!。$$

其中，为了理论上的需要，规定 $0! = 1$。

【例 5】 某信号兵用红、黄、蓝三面旗帜，从上到下挂在竖直的旗杆上，用以传递信号。依约定，每次可以分别挂 1，2，3 面旗帜，且不同顺序表示不同信号，求共能传递多少种不同信号？

解析：将三面不同颜色旗帜看作三个不同元素，则所求的是：从三个不同元素中每次取出 1，2，3 个元素得到的排列数。根据"先分

类,再分步":

第 1 类,挂 1 面旗帜,能表示 A_3^1 种不同信号;

第 2 类,挂 2 面旗帜,能表示 A_3^2 种不同信号;

第 3 类,挂 3 面旗帜,能表示 A_3^3 种不同信号。

所以根据"分类则加",本题所求的不同信号为

$$N = A_3^1 + A_3^2 + A_3^3 = 3 + 3 \times 2 + 3! = 15(种)。$$

3.1.4 组合

【引例】 从 A、B、C 三个同学中任选 2 个抗疫志愿者,求共有多少种不同选法?

解析:与前述"选班长副班长"相比较,同样是从 A、B、C 三人中选 2 人,但区别在于:前者选出的 2 人必须讲究顺序;因为这里从 A、B、C 三人中选 2 人去当志愿者即可,所以这 2 人可以不讲顺序。因此,本题所求不同选法只有 3 种:A 和 B,A 和 C,B 和 C。

定义 1:从 n 个不同元素中,任取 $m(m \leqslant n)$ 个元素组成一组,称为从 n 个不同元素中取出 m 个元素的一个<u>组合</u>。

注 1:由组合的定义知,判别两个组合不同的条件是:两个组合中至少有一个元素不同。

注 2:由组合的定义知,组合的特征是"只取不排",即组合只要求从 n 个不同元素中取出 m 个元素即可,而与 m 个元素的顺序无关,这与排列中取出 m 个元素后还要讲究顺序恰好相反。

思维方法引导 3:讲究顺序即排列,不讲顺序即组合。

定义 2:从 n 个不同元素中,取出 $m(m \leqslant n)$ 个元素的所有不同组合的个数,称为从 n 个不同元素中取出 m 个元素的<u>组合数</u>,记作 C_n^m。

组合数公式：$C_n^m = \dfrac{A_n^m}{A_m^m} = \dfrac{n(n-1)(n-2)\cdots(n-m+1)}{m!}$。规定 $C_n^0 = 1$。

公式的记忆：$C_n^m = \dfrac{\text{从 } n \text{ 开始向后乘，乘 } m \text{ 个数}}{m \text{ 的阶乘}}$。

如 $C_{10}^3 = \dfrac{10 \times 9 \times 8}{3 \times 2 \times 1} = 10 \times 3 \times 4 = 120$。

【例 6】 有一批产品共 20 件，已知其中有 2 件不合格品，其余均为合格品，现从这 20 件产品中任意抽取 3 件进行检验，求：

（1）共有多少种不同的抽样检验方法？

（2）使得 3 件中恰好有 1 件不合格品的抽样检验方法有多少种？

（3）使得 3 件都是合格品的抽样检验方法有多少种？

解析：（1）依题意，从 20 件产品中抽出 3 件即可，可以不讲 3 件产品的顺序，根据"不讲顺序即组合"，所求不同的抽样检验方法为

$$C_{20}^3 = \dfrac{20 \times 19 \times 18}{3 \times 2 \times 1} = 20 \times 19 \times 3 = 60 \times 19 = 1\,140\,(\text{种})。$$

（2）依题意，完成"3 件产品中恰有 1 件不合格品"这件事，可以分为两步：

第 1 步，从 2 件不合格品中任取 1 件，有 C_2^1 种不同方法；

第 2 步，从 18 件合格品中任取 2 件，有 C_{18}^2 种不同方法。

根据"分步则乘"，所求不同的抽样检验方法为

$$C_2^1 \cdot C_{18}^2 = \dfrac{2}{1} \cdot \dfrac{18 \times 17}{2 \times 1} = 18 \times 17 = 306\,(\text{种})。$$

（3）依题意，因为"3 件都是合格品"应该是从 18 件中抽取，所以所求不同的抽样检验方法为

$$C_{18}^3 = \frac{18 \times 17 \times 16}{3 \times 2 \times 1} = 3 \times 17 \times 16 = 816（种）。$$

练习题 3.1

1. 设书架上有 5 本不同的数学书,3 本不同的英语书,2 本不同的文艺书,现从这个书架上任取一本书,求共有多少种不同的取法?

2. 设车牌号是由 5 位数字号码组成,每位数字可以从 0~9 这 10 个数字中重复抽取,求这样可以组成多少个不同的车牌号码?

3. 有一个女学生的衣柜里有 4 件上衣,3 条裤子,2 条裙子,求这个女学生能有多少种不同的搭配穿法?

4. 现有 5 本不同的书,从中选 3 本送给 3 个同学,每人各 1 本,求共有多少种不同的送法?

5. 5 个同学站成一排拍照,其中小红既不站在排头也不站在排尾,求有多少不同排法?

6. 已知平面内有 10 个点,以其中任意两个点为端点,

 (1) 这样的线段共有多少条?

 (2) 这样的有向线段(向量)共有多少条?

7. (续本节例 6)有一批产品共 20 件,已知其中有 2 件不合格品,其余均为合格品,现从这 20 件产品中任意抽取 3 件产品进行检验,求:

 (1) 最多有 1 件不合格品的不同抽样检验方法有多少种?

 (2) 至少有 1 件不合格品的不同抽样检验方法有多少种?

3.2 简单的概率

3.2.1 概率的统计定义

【引例 1】 考察下列各种事件：(1)冰块加热融化；(2)水向低处流；(3)同性电荷相吸；(4)气功远程能治病；(5)明天下雨；(6)买一张彩票中奖。

不难发现：(1)和(2)两种事件必然发生；(3)和(4)两种事件不可能发生；(5)和(6)两种事件可能发生，也可能不发生。

定义 1：在一定条件下：

(1) 一定发生的事件，称为<u>必然事件</u>，记作 Ω；

(2) 一定不发生的事件，称为<u>不可能事件</u>，记作 Φ；

(3) 可能发生，也可能不发生的事件，称为<u>随机事件</u>，简称<u>事件</u>，记作 A、B、C、…。

【引例 2】 为了研究随机事件发生的可能性的大小，人们经常进行大量的重复试验，从中发现随机事件呈现的规律。据记载，历史上多个学者做过"抛硬币"的试验，其试验结果如表 3-4 所示。

表 3-4 "抛硬币"试验结果

实验人	抛硬币次数 n	正面向上次数 m	频率 $\dfrac{m}{n}$
德·摩根	2 048	1 061	0.518 1
蒲丰	4 040	2 048	0.504 9
皮尔逊	12 000	6 019	0.501 6
皮尔逊	24 000	12 012	0.500 5

定义 2:(概率的统计定义)在大量重复试验中,如果事件 A 发生的频率 $\dfrac{m}{n}$ 总是接近于唯一确定的常数,则称这个常数是事件 A 的概率,记作 $P(A)$,即 $P(A) \approx \dfrac{m}{n}$。

注 1:在引例 2 中,设事件 $A =$ 抛硬币时正面向上,则概率 $P(A) \approx 0.5$。

注 2:因为 $0 \leqslant m \leqslant n \Rightarrow 0 \leqslant \dfrac{m}{n} \leqslant 1$,

所以任意随机事件 A 的概率 $P(A)$ 满足下列性质:

(1) $0 \leqslant P(A) \leqslant 1$;   (2) $P(\Omega) = 1$, $P(\Phi) = 0$。

【例 1】 已知某篮球运动员站在"罚球线"上进行投篮训练,其结果如表 3-5 所示。

表 3-5

投篮次数 n	10	20	50	100	200
投中次数 m	7	15	38	74	152
命中频率 $\dfrac{m}{n}$					

(1)计算表中的命中频率;

(2)求此运动员投中的概率约等于多少?

解析:(1) $\dfrac{7}{10} = 0.7, \dfrac{15}{20} = 0.75, \dfrac{38}{50} = 0.76, \dfrac{74}{100} = 0.74, \dfrac{152}{200} = 0.76$。

(2) 因为 $(0.7 + 0.75 + 0.76 + 0.74 + 0.76) \div 5 = 0.742 \approx 0.74$,

所以设随机事件 $A =$ 投篮命中,则概率 $P(A) \approx 0.74$。

注 1:显然,概率 $P(A) \approx 0.74$ 反映了该运动员的运动水平。

注 2：一般地，如下图所示：

$P(A) \rightarrow 1$ 表明随机事件 A 发生的可能性越来越大；

$P(A) \rightarrow 0$ 表明随机事件 A 发生的可能性越来越小。

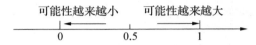

3.2.2　概率的古典定义

【引例】　在概率的统计定义中，人们是通过大量重复试验计算概率。另外，人们不做大量重复试验，而是通过分析一次试验中可能出现的结果来计算概率。

（1）抛一次硬币，可能出现的结果：正面向上，反面向上。因为出现这两种结果的可能性相等，所以"正面向上"的概率是 $\dfrac{1}{2}$，"反面向上"的概率也是 $\dfrac{1}{2}$。这与大量重复试验的结果一致。

（2）掷一次骰子，可能出现的结果：1，2，3，4，5，6 共 6 种。因为出现其中每一种结果的可能性相等，所以出现每一种结果的概率都是 $\dfrac{1}{6}$。并且，为了求"出现的点数是 3 的倍数"的概率，做下列分析：因为 3 的倍数包括 3，6 两种结果，所以设随机事件

$$A = 出现的点数是 3 的倍数，$$

则所求 A 的概率为 $P(A) = \dfrac{2}{6} = \dfrac{1}{3}$。

定义 1：(1)试验中直接观察到的最简单的结果，称为<u>基本事件</u>；

（2）如果每个基本事件发生的可能性相等，则称它们是<u>等可能</u><u>事件</u>；

（3）由几个基本事件组合而成的事件，称为**复合事件**。

定义 2:（概率的古典定义）设某试验满足条件：（1）所包含的基本事件总数是有限数 n,（2）每一个基本事件的发生是等可能的,则将这种试验模型,称为**古典概型**。其中,如果复合事件 A 包含的基本事件为 m 个,则 A 发生的概率为 $P(A)=\dfrac{m}{n}$。

思维方法引导 1: 只有满足古典概型的条件,才能使用公式 $P(A)=\dfrac{m}{n}$ 求概率。否则不可。

思维方法引导 2: 一般地,使用公式 $P(A)=\dfrac{m}{n}$ 求概率时,先求 n,再求 m。

【例 2】 在一个非透明的口袋内装有 10 个小球,其中 3 个白球,7 个黑球,现在从中任意摸出 2 个球,求：

（1）共有多少种不同的结果？

（2）摸出两个黑球的概率是多少？

（3）摸出两个白球的概率是多少？

（4）摸出 1 个黑球、1 个白球的概率是多少？

解析:（1）依题意,因为摸出来的 2 个球可以不讲顺序,所以根据"不讲顺序即组合",所以所求不同的结果为

$$C_{10}^2=\dfrac{10\times 9}{2\times 1}=5\times 9=45(种)。$$

（2）设随机事件 $A_1=$ 摸出两个黑球。因为 A_1 满足古典概型的两个条件,所以使用公式 $P(A_1)=\dfrac{m}{n}$ 求概率。先求 n:显然,本题的所

有试验结果 $n = C_{10}^2 = 45$；后求 m：因为摸出来的两个黑球是从已知的 7 个黑球中随机摸出来的，所以

$$m = C_7^2 = 21。$$

$$P(A_1) = \frac{m}{n} = \frac{C_7^2}{C_{10}^2} = \frac{7}{15}。$$

（3）设 $A_2 =$ 摸出两个白球，则 $P(A_2) = \frac{C_3^2}{C_{10}^2} = \frac{1}{15}。$

（4）设 $A_3 =$ 摸出 1 个黑球 1 个白球，则与（2）同理，只需用下列方法求 m：为了"摸出 1 个黑球 1 个白球"，第 1 步先从 7 个黑球摸出 1 个，有 C_7^1 种不同方法；第 2 步再从 3 个白球中摸出 1 个，有 C_3^1 种不同方法。根据"分步则乘"，这里的 $m = C_7^1 \cdot C_3^1 = 21$。所以根据古典概型，

$$P(A_3) = \frac{C_7^1 \cdot C_3^1}{C_{10}^2} = \frac{7}{15}。$$

3.2.3　概率的几何定义

【引例】　如图 3-1 所示，飞镖游戏板是边长为 4 的正方形 $ABCD$。其中，分别以 A、C 为圆心，以 4 为半径画圆弧，得阴影部分。设某人向飞镖板扔飞镖一次，已知该飞镖落在游戏板上，求飞镖落在阴影上的概率是多少？

图 3-1

解析：与"概率的古典定义中要求基本事件总数 n 必须是有限数"不同，这里飞镖的落点是无限多个。因为飞镖游戏板的总面积

$$\delta_{总} = 4^2 = 16，$$

又因为阴影面积 $=\left(\dfrac{1}{4}圆面积\right)\times 2-\delta_{总}$，即

$$\delta_{阴}=2\times\dfrac{1}{4}\pi\cdot 4^2-16=8\pi-16，$$

所以设随机事件 $A=$ 飞镖落在阴影上，则所求概率

$$P(A)=\dfrac{\delta_{阴}}{\delta_{总}}=\dfrac{8\pi-16}{16}=\dfrac{1}{2}\pi-1=0.57。$$

定义:(概率的几何定义)设区域 I 上有一个子区域 A，如果每个基本事件对应的点都能落在区域 I 上，且落在 I 上任意一点是等可能的，记区域 I 的度量为 δ_I，子区域 A 的度量为 δ_A，则一次试验结果落在子区域 A 上的概率为

$$P(A)=\dfrac{\delta_A}{\delta_I}。$$

思维方法引导 3:当基本事件是无限多个等可能事件时，则开始考虑使用几何定义求概率。

思维方法引导 4:区域 I 可以是数轴上的(此时的度量是线段长度)，区域 I 也可以是坐标平面上的(此时的度量是平面面积)，区域 I 还可以是几何体上的(此时的度量是立体体积)。

【例 3】 如图 3-2 所示，在数轴上，设点 P_1 对应实数 -3，点 P_2 对应实数 3，点 Q 对应实数 1。如果在线段 P_1P_2 上任取一点 M，求点 M 到点 Q 的距离不大于 2 的概率。

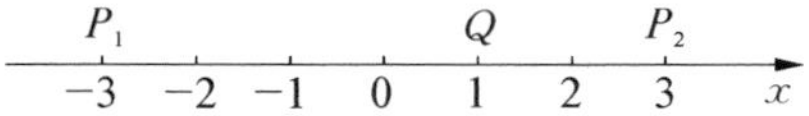

解析:依题意，区域 I 的度量是线段 P_1P_2 的长度，即

$$\delta_I=|P_1P_2|=6。$$

图 3-2

设随机事件 $A=$ 点 M 到点 Q 的距离不大于 2，则子区域 A 的度量是表示实数 -1 与 3 两点之间的线段长度，即 $\delta_A = 4$。所以所求概率为

$$P(A) = \frac{\delta_A}{\delta_I} = \frac{4}{6} = \frac{2}{3}。$$

【例 4】 如图 3-3 所示，某方舱医院是一幢矩形大房屋，它的屋顶是两个全等的斜面。已知矩形的长为 80 m，宽为 60 m，墙高为 3 m，屋顶到地面的距离是 5 m。假设这幢矩形大房屋内有一株新冠病毒，求这一株新冠病毒落在房屋顶部空间的概率（墙的厚度忽略不计）。

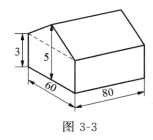

图 3-3

解析： 依题意，区域 I 的度量是整幢大房屋的空间体积，即

$\delta_I = $ 房屋断面面积 $\times 80$

$\quad = $（长方形面积 $+$ 三角形面积）$\times 80$

$$= \left(3 \times 60 + \frac{1}{2} \times 60 \times 2\right) \times 80$$

$$= (3 \times 60 + 60) \times 80 = 4 \times 60 \times 80$$

设随机事件 $A=$ 这一株新冠病毒落在房屋顶部空间，则子区域 A 的度量是房屋顶部空间的体积，即

$$\delta_A = \frac{1}{2} \times 60 \times 2 \times 80 = 60 \times 80。$$

所以所求概率为 $P(A) = \dfrac{\delta_A}{\delta_I} = \dfrac{60 \times 80}{4 \times 60 \times 80} = \dfrac{1}{4} = 0.25$。

3.2.4　互斥事件的概率加法公式

【引例】　有一批产品共 10 件,已知其中 5 件是一等品,3 件是二等品,2 件是三等品,现从这 10 件产品中任意抽取 1 件,记事件 A = 取到一等品,事件 B = 取到二等品,事件 C = 取到三等品。

(1) 事件 A 与 B、A 与 C、B 与 C 分别能不能同时发生?

(2) 任取 1 件产品是一等品或二等品的概率是多少?

解析:(1) 任取 1 件产品,不可能既是一等品同时又是二等品,所以事件 A 与 B 不能同时发生。同理,事件 A 与 C、B 与 C 分别都是不能同时发生。因此事件 A、B、C 中的任何两个事件不能同时发生。

定义 1:(1) 不能同时发生的两个事件,称为互斥事件或互不相容事件。

(2) 如果事件 A_1,A_2,……,A_n 中任何两个事件都是互斥事件,则称它们两两互斥。

定义 2:(1) 事件 A、B 至少发生一个的新事件,称为和事件,记作 $A + B$。

(2) 事件 A_1,A_2,……,A_n(至少发生一个)的和事件,记作 $A_1 + A_2 + \cdots + A_n$。

引例解析:(2) 因为和事件 $A + B$ = 取到一件产品是一等品或二等品,又因为 $P(A) = \dfrac{5}{10}$,$P(B) = \dfrac{3}{10}$,$P(A + B) = \dfrac{5 + 3}{10}$,

所以有 $P(A + B) = P(A) + P(B)$。

公式:(互斥事件的概率加法公式)

（1）如果 A、B 是互斥事件，则 $P(A+B)=P(A)+P(B)$。

（2）如果 $A_1,A_2,\cdots\cdots,A_n$ 两两互斥，则

$$P(A_1+A_2+\cdots+A_n)=P(A_1)+P(A_2)+\cdots+P(A_n)。$$

【例5】 已知一万张体育彩票中有 1 个一等奖，5 个二等奖，10 个三等奖，现买一张彩票，

（1）求中二等奖或三等奖的概率；

（2）求中奖的概率。

解析：依题意，设随机事件 $A_1=$ 中一等奖，$A_2=$ 中二等奖，$A_3=$ 中三等奖，则因为 A_1、A_2、A_3 两两互斥，所以它们满足"概率加法公式"条件。

（1）因为和事件 $A_2+A_3=$ 买 1 张彩票中二等奖或三等奖，

所以由"互斥事件的概率加法公式"得所求概率为

$$P(A_2+A_3)=P(A_2)+P(A_3)=\frac{5}{10\ 000}+\frac{10}{10\ 000}=\frac{15}{10\ 000}。$$

（2）因为和事件 $A_1+A_2+A_3=$ 买 1 张彩票中奖，

所以由"互斥事件的概率加法公式"得所求概率为

$$P(A_1+A_2+A_3)=P(A_1)+P(A_2)+P(A_3)$$

$$=\frac{1}{10\ 000}+\frac{5}{10\ 000}+\frac{10}{10\ 000}=\frac{16}{10\ 000}。$$

【例6】 已知一条船的甲板上共有 20 桶化工原料，其中有 5 桶已经被海水污染了。现从这 20 桶中任取 3 桶检验，求其中至少有 1 桶被污染的概率。

解析：依题意，设随机事件 $A_1=$ 恰有 1 桶被污染，$A_2=$ 恰有 2 桶被污染，$A_3=$ 恰有 3 桶被污染，将和事件记作 A，则

$$A=A_1+A_2+A_3=至少有 1 桶被污染。$$

以下先求概率 $P(A_1)$。根据古典概型条件：(1) 基本事件总数是有限数 n，(2) 每一个基本事件的发生是等可能的，所以使用公式

$$P(A_1) = \frac{m}{n}$$

求概率。其中，基本事件总数 $n = C_{20}^3$（不讲顺序即组合）。为了求 m，分步为二：第 1 步，从已被污染的 5 桶中任取 1 桶，有 C_5^1 种不同方法；第 2 步，从未被污染的 15 桶中任取 2 桶，有 C_{15}^2 种不同方法。根据"分步则乘"得 $m = C_5^1 \cdot C_{15}^2$。所以

$$P(A_1) = \frac{m}{n} = \frac{C_5^1 \cdot C_{15}^2}{C_{20}^3}。$$

同理可得 $P(A_2) = \dfrac{C_5^2 \cdot C_{15}^1}{C_{20}^3}, P(A_3) = \dfrac{m}{n} = \dfrac{C_5^3}{C_{20}^3}$。

因为随机事件 A_1、A_2、A_3 两两互斥，即它们满足"概率加法公式"条件，所以由"互斥事件的概率加法公式"得所求概率为

$$P(A_1 + A_2 + A_3) = P(A_1) + P(A_2) + P(A_3)$$

$$= \frac{C_5^1 \cdot C_{15}^2}{C_{20}^3} + \frac{C_5^2 \cdot C_{15}^1}{C_{20}^3} + \frac{C_5^3}{C_{20}^3}$$

$$= \frac{137}{228} \approx 0.6。$$

思维方法引导 5：只有满足"互斥"的条件，才能使用"概率加法公式"。否则不可。

思维方法引导 6：在上述例 6 中，随机事件 $A =$ 至少有 1 桶被污染，设另一随机事件 $\overline{A} =$ 任取 3 桶未被污染，则 <u>A 与 $\overline{A}$ 既互斥又必定发生一个</u>。

定义 3：必定有一个发生的两个互斥事件，称为<u>对立事件</u>。事件 A 的对立事件记作 $\overline{A}$。如，抛一次硬币，设 $A_正=$ 正面向上，$A_反=$ 反面向上，则 $A_正$ 与 $A_反$ 是对立事件；再如，掷一次骰子，设

$$A_i = 出现\ i\ 个点(i=1,2,3,4,5,6),$$

则 A_1 与 A_2 只是互斥事件，但不是对立事件。

定理：如果 A 与 $\overline{A}$ 是对立事件，则 $P(A)=1-P(\overline{A})$。

证明：依"对立事件"定义，和事件 $A+\overline{A}=\Omega$（必然事件）。

因为 $P(\Omega)=1 \Rightarrow P(A+\overline{A})=1$，

又因为 A 与 $\overline{A}$ 互斥 $\Rightarrow P(A+\overline{A})=P(A)+P(\overline{A})$，

所以 $P(A)+P(\overline{A})=1 \Rightarrow P(A)=1-P(\overline{A})$。

思维方法引导 6⁺：如果求概率 $P(A)$ 不易时，可以先求 $P(\overline{A})$，再求 $P(A)=1-P(\overline{A})$。

【例 6⁺】 因为直接求事件 $A=$ "至少有 1 桶被污染"的概率 $P(A)$ 不易，

所以找 A 的对立事件 $\overline{A}=$ 任取 3 桶未被污染，

则先求 $P(\overline{A})=\dfrac{C_{15}^3}{C_{20}^3}=\dfrac{91}{228}$，

所以原题所求概率 $P(A)=1-P(\overline{A})=1-\dfrac{91}{228}=\dfrac{137}{228}\approx 0.6$。

3.2.5 独立事件的概率乘法公式

【引例】 在一个非透明的粉笔盒内装有 10 支粉笔，其中 3 支红的，7 支白的，现在从中任意摸出 2 支粉笔（一次摸出 1 支），求：

（1）第 1 次摸出的是红色粉笔的概率；

（2）第 2 次摸出的仍然是红色粉笔的概率。

解析：（1）设 $A_1 =$ 第 1 次摸出的是红色粉笔，则 $P(A_1) = \dfrac{3}{10}$。

（2）设 $A_2 =$ 第 2 次摸出的仍然是红色粉笔，则 $P(A_2)$ 的答案不唯一。这是因为：

① 如果第 1 次摸出红的<u>有放回</u>，则 $P(A_2) = \dfrac{3}{10}$；

② 如果第 1 次摸出红的<u>无放回</u>，则 $P(A_2) = \dfrac{2}{9}$。

定义 1：如果事件 A 发生的概率与事件 B 是否发生互不影响，则称 A 与 B <u>相互独立</u>。

定理：如果两个事件 A 与 B 相互独立，则 A 与 $\overline{B}$、$\overline{A}$ 与 B、$\overline{A}$ 与 $\overline{B}$ 分别都是相互独立的。

定义 2：两个事件 A 与 B 同时发生的新事件，称为 A 与 B 的<u>积事件</u>，记作 $A \cdot B$。

公式：（独立事件的概率乘法公式）

如果两个事件 A、B 相互独立，则 $P(A \cdot B) = P(A) \cdot P(B)$。

【例 7】 掷两次骰子，求两次都是出现 1 个点的概率？

解析：依题意，设事件 $A_1 =$ 第 1 次出现 1 个点，$A_2 =$ 第 2 次出现 1 个点，则积事件 $A_1 \cdot A_2 =$ 两次都是出现 1 个点。

因为第 1 次掷骰子的结果不会影响第 2 次的结果，即 A_1 与 A_2 相互独立，又因为 $P(A_1) = \dfrac{1}{6}$，$P(A_2) = \dfrac{1}{6}$，

所以由"独立事件的概率乘法公式"得所求概率为

$$P(A_1 \cdot A_2) = P(A_1) \cdot P(A_2) = \frac{1}{6} \times \frac{1}{6} = \frac{1}{36}。$$

【例8】 甲、乙两个高三学生考大学,已知甲考取的概率为 0.7,乙考取的概率为 0.8,求:

(1) 甲、乙两人都考取大学的概率;

(2) 甲、乙两人中恰好有 1 人考取大学的概率;

(3) 甲、乙两人中至少有 1 人考取大学的概率。

解析: (1) 设事件 $A=$ 甲考取大学,$B=$ 乙考取大学,则

$$P(A) = 0.7,P(B) = 0.8。$$

因为积事件 $A \cdot B=$ 甲、乙两人都考取大学,

又因为甲、乙两人是否考取大学互不影响,即 A、B 相互独立,所以由"独立事件的概率乘法公式"得所求概率为

$$P(A \cdot B) = P(A) \cdot P(B) = 0.7 \times 0.8 = 0.56。$$

(2) 因为 $\overline{A}=$ 甲没考取大学,$\overline{B}=$ 乙没考取大学,

所以 $A \cdot \overline{B}=$ 甲考取大学且乙没考取大学,$\overline{A} \cdot B=$ 甲没考取大学且乙考取大学。

因为 $A \cdot \overline{B} + \overline{A} \cdot B=$ 甲、乙两人中恰好只有 1 人考取大学,

又因为 A 与 $\overline{B}$、$\overline{A}$ 与 B 分别独立,$A \cdot \overline{B}$ 与 $\overline{A} \cdot B$ 互斥,

所以由"对立事件"、"互斥事件"、"独立事件"概率公式,得所求为

$$\begin{aligned}
P(A \cdot \overline{B} + \overline{A} \cdot B) &= P(A \cdot \overline{B}) + P(\overline{A} \cdot B) \\
&= P(A) \cdot P(\overline{B}) + P(\overline{A}) \cdot P(B) \\
&= 0.7(1-0.8) + 0.8(1-0.7) = 0.38
\end{aligned}$$

(3) 因为 $A+B=$ 甲、乙两人中至少有 1 人考取大学

$$=A \cdot B+A \cdot \overline{B}+\overline{A} \cdot B \text{(请读者用中文字表述}$$

这三者）

又因为 $A \cdot B$、$A \cdot \overline{B}$、$\overline{A} \cdot B$ 这三者两两互斥，

所以由"对立事件"、"互斥事件"、"独立事件"概率公式,得所求为

$$P(A+B)=P(A \cdot B)+P(A \cdot \overline{B})+P(\overline{A} \cdot B)$$
$$=0.56+0.38=0.94$$

注:这里为什么不直接使用 $P(A+B)=P(A)+P(B)$ 求解?

思维方法引导 7:设 $A+B=$ 甲、乙两人中至少有 1 人考取大学,它的对立事件 $\overline{A} \cdot \overline{B}=?$

进而,$P(A+B)=1-P(\overline{A} \cdot \overline{B})=1-P(\overline{A}) \cdot P(\overline{B})=?$

思维方法引导 8:只有满足"独立"的条件,才能使用公式 $P(A \cdot B)=P(A) \cdot P(B)$,否则不可。

练习题 3.2

1. 某林业大学从 2014～2019 年,试验移植一种幼树,成活情况记录如表 3-6 所示。

表 3-6

年份	2014	2015	2016	2017	2018	2019
移植总棵数 n	400	1 500	3 500	7 000	9 000	14 000
成活棵数 m	329	1 337	3 196	6 334	8 075	12 630
成活频率 $\dfrac{m}{n}$						

（1）计算表中的成活频率;

（2）求此林业大学移植这种幼树的成活概率。

2. 在一个非透明的口袋内装有 4 个红球、3 个黄球、5 个蓝球,现从中任意摸出 1 个球。

（1）分别求摸出的是红、黄、蓝球的概率;

（2）摸出哪个颜色球的可能性最大?

3. 从 1,2,3,4,5 这 5 个数字中,任取三个组成没有重复的三位数,求:

（1）共有多少个三位数?

（2）这些三位数中有多少个是偶数?

（3）三位数是偶数的概率是多少?

4. 有一批产品共 100 件,已知其中 96 件是正品,4 件是次品,现从这 100 件产品中任意抽取 5 件,求:

（1）全是正品的概率;

（2）恰有 1 件是次品的概率。

5. 银行储蓄卡的密码是由 6 位数字组成,每位数字可在 0～9 这 10 个数字中任取。

（1）任意按一组 6 位数字,恰好是这张卡的密码的概率是多少?

（2）某人只记得密码的前 5 位,忘了第 6 位,他任意按下第 6 位,恰好是这张卡的密码的概率是多少?

6. 如图 3-4,在飞镖游戏板中,每一块边长为 1 的小正方形除了颜色之外都相同。设某人向飞镖板扔飞镖一次,已知该飞镖落在游戏板上,求飞镖落在阴影上的概率是多少?

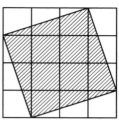

图 3-4

7. 已知某射手在一次射击中,射中 10 环、9 环、8 环的概率分别是 0.24,0.28,0.19,求这位射手在一次射击中:

（1）至少射中 9 环的概率;

（2）不够 8 环的概率。

8. 有一批产品共 20 件,已知其中 16 件是正品,4 件是次品,现从这 20 件产品中任意抽取 3 件,求其中至少有 1 件次品的概率是多少（要求写出两种解法）?

9. 甲、乙两机床制造同一种零件,已知甲机床的次品率是 0.04,乙机床的次品率是 0.05,现从它们制造的产品中各取 1 件,求:

（1）两件都是次品的概率;

（2）其中恰有 1 件是次品的概率;

（3）至少有 1 件是次品的概率。

3.3 简单的统计

3.3.1 抽样方法

研究如何收集、整理、分析数据的科学,称为<u>统计学</u>。统计学的

基本思想是<u>用样本估计总体</u>。这就需要先学习三种基本的抽样方法：简单随机抽样、系统抽样、分层抽样。

3.3.1.1 简单随机抽样(抽签法、随机数表法)

【引例1】 为了检测一批电子元件(100 个)的使用寿命,从中随机抽取 10 个进行测定,应该怎样抽取?

抽签法:(1) 将总体中的个体从 $1 \sim N$ 编号;

(2) 将所有编号 $1 \sim N$ 写在形状、大小相同的号签上;

(3) 将所有号签放在一个非透明容器中,搅拌均匀;

(4) 从中每次抽取一个号签,记录编号,连续抽取 k 次;

(5) 从总体中取出与号签一致的 k 个个体,组成全部样本。

【引例2】 为了考察某公司生产的标准袋装牛奶的质量,现从 800 袋中抽取 30 袋进行检验,应该怎样抽取?

解析:由于这里总体中的个体数(指 800 袋)较多,不便使用抽签法,所以这里改用下列"随机数表法"。具体做法如下:

(1) 将 800 袋牛奶编号,例如:000,001,002,……,799;

(2) 从随机数表 3-7 中任选一个数作为起始,例如:从下列随机数中选出第 3 行、第 7 列的数"7"作为起始;

表 3-7

1	6	2	2	7	7	9	4	3	9	4	9	5	4	4	3	5	4	8	2	1	7	3	7	9	2	3	7	8	8	7	3	5
2	0	9	6	4	3	8	4	2	6	3	4	9	1	6	4	2	1	7	6	3	3	5	0	2	5	8	3	9	2	1	2	0	6
6	3	0	1	6	3	7	8	5	9	1	6	9	5	5	5	6	7	1	9	9	8	1	0	5	0	7	1	7	5	1	2	8	6
7	3	5	8	0	7	4	4	3	9	5	2	3	8	7	9	4	2	9	9	6	6	0	2	7	5	4	5	7	6	0	3	2
3	3	2	1	1	2	3	4	2	9	7	8	6	4	5	2	5	2	4	2	0	7	4	4	3	8	1	5	5	1	0	0	1	3

（3）从选定的数 7 开始，向右（也可向左、向上、向下）读数，得到一个三位数 785，因为 785＜799，所以号码 785 在总体内，所以将 785 取出；继续向右读，得到 916，因为 916＞799，所以将 916 去掉；继续向右读，依次取出 567，199，507，……，直到样本的第 30 个号码全部取出。

随机数表法：（1）将总体中的所有个体编码（号码位数要相同）；

（2）从随机数表中任取一个数字作为起始；

（3）选定一个方向，从起始数字开始读取数字；

（4）如果读数不在编码之中，则跳过；如果读数在编码之中，则取出；

（5）根据选定的编码抽取全部样本。

3.3.1.2 系统抽样

【引例 3】 从 802 辆新产轿车中，随机抽取 80 辆测试刹车性能。试合理选择抽样方法，并写出抽样过程。

解析：（1）将 802 辆轿车随机编号：000，001，002，……，799，800，801；

（2）从总体中剔除 2 辆车（用 802 除以 80 的余数为 2，剔除方法可以使用随机数表法），将剩下的 800 辆车重新编号，并等距分成 80 段；

（3）在第一段 000，001，002，……，009 这 10 个编码中，用简单随机抽样方法确定一个起始编码，记作 l；

（4）将编码为 $l, l+10, l+20, \cdots, l+790$ 这 80 个个体取出，组成全部样本。

系统抽样:设从容量为 N 的总体中抽取容量为 n 的样本,则

（1）利用随机的方式,将总体中的 N 个个体编码;

（2）为了将所有编码分段（即分成几个部分）,先确定分段的间隔 k:如果 $\dfrac{N}{n}$ 是整数,则取 $k=\dfrac{N}{n}$;如果 $\dfrac{N}{n}$ 不是整数,则先剔除个别个体,使得所剩 N' 能被 n 整除,取 $k=\dfrac{N'}{n}$,并将 N' 重新编码;

（3）在第一段中,利用简单随机抽样确定起始编码 l;

（4）将 $l,l+k,l+2k,\cdots,l+(n-1)k$ 这 n 个个体取出,组成全部样本。

3.3.1.3 分层抽样

【引例 4】 某校初中一、二、三年级分别有学生 900、800、700 人,为了了解全校学生的视力情况,从中抽取容量为 100 的样本,怎样抽取较为合理?

解析:因为不同年级的学生视力差异大于同年级的情况,所以采用简单随机抽样或系统抽样可能无法准确反映客观真实情况。因为抽样时不仅需要使得每个个体被取出是等可能的,还要注意总体中个体的层次性,所以

（1）抽取初一的学生人数为 $n_1=100\times\dfrac{900}{2\,400}=38$（人）;

（2）抽取初二的学生人数为 $n_2=100\times\dfrac{800}{2\,400}=33$（人）;

（3）抽取初三的学生人数为 $n_3=100\times\dfrac{700}{2\,400}=29$（人）;

依此人数,在各年级采用简单随机抽样或系统抽样取出,

$n=n_1+n_2+n_3=38+33+29=100(人)$,组成全部样本。

分层抽样:(1) 分层:将总体按某种特征分成若干部分;

(2) 确定比例:计算各层的个体数与总体的个体数的比值;

(3) 计算确定各层应抽取的个体数量;

(4) 在各层抽样(采用简单随机抽样或系统抽样),组成全部样本。

三种基本抽样方法的特点与适用范围如表 3-8 所示。

表 3-8

类别	共同点	各自特点	相互联系	适用范围
简单随机抽样	在抽样过程中每个个体被取出来是等可能的	从总体中逐个抽取		总体中的个体数较少
系统抽样		将总体先平均分段,再在各段抽取相同数量的个体	在第一段中,采用简单随机抽样	总体中的个体数较多
分层抽样		将总体先按某种特征分层,再按各层个体数的比例抽样	在每一层中,采用简单随机抽样或系统抽样	总体是由差异明显的几个层次构成

3.3.2　总体分布的估计

总体分布的估计主要分为两类:用样本频数(频率)分布估计总体分布;用样本数字特征(均值、方差)估计总体数字特征。所谓<u>频数</u>,是指某个数据出现的次数;所谓<u>频率</u>,是指频数与总次数的比值。

3.3.2.1 频数分布表与频数分布直方图

【引例5】 为了了解一大片经济树林的生长情况,随机测量了其中 100 株的底部周长,所得原始数据如表 3-9 所示(单位:cm)。

表 3-9

102	135	98	110	99	121	110	96	100	102
109	97	117	113	110	92	102	109	104	128
125	124	87	131	97	102	123	104	104	112
129	123	111	103	105	92	114	108	104	103
105	126	97	100	115	111	106	117	104	109
111	89	110	121	80	120	104	116	108	118
129	99	90	99	116	123	107	111	91	100
99	101	106	97	102	108	101	95	107	101
102	108	117	99	118	106	119	97	126	108
123	119	98	121	101	113	102	103	104	108

解析:(1) 确定<u>极差</u>(最大值与最小值之差):由表知,最大值为 135,最小值为 80,所以极差 $=135-80=55$(cm)。极差说明了原始数据的变化范围(极差越大,原始数据越分散;极差越小,原始数据越集中)。

(2) 数据分组:根据极差,先确定<u>全距</u>(整个取值区间的长度,全距 ≥ 极差)为 55;根据问题的实际意义,再确定<u>组距</u>(将全距分成的每个小区间的长度）为 5。于是，将区间 [80,135] 分成 55÷5＝11 个数组。其中，为了确定原始数据落在各数组的唯一性，小组数据采用"左闭右开"区间（最后一组采用闭区间）。

（3）从第一组 [80,85) 开始，使用"正"字做频数记录，得下列频数分布表 3-10：

表 3-10

分组	[80, 85)	[85, 90)	[90, 95)	[95, 100)	[100, 105)	[105, 110)	[110, 115)	[115, 120)	[120, 125)	[125, 130)	[130, 135]
记录	一	丁	正	正正正	正正正 正正	正正正	正正丁	正正一	正正	正一	丁
频数	1	2	4	14	24	15	12	11	9	6	2

（4）如图 3-5 所示，在横轴上，以每一线段 5 为底做一个小矩形，使小矩形的高＝在纵轴上找到的对应的频数，得下列频数分布直方图：

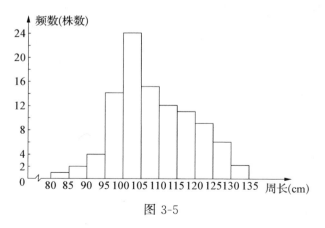

图 3-5

注 1：利用样本频数分布估计总体分布，频数分布表比较确切，频

数分布直方图比较直观；

注2：频数分布表、频数分布直方图的制作一般步骤为：

（1）确定极差、全距（全距≥极差），确定组距与组数（全距÷组距＝组数）；

（2）数据分组，数据小组一般采用"左闭右开"区间，最后一组采用闭区间；

（3）统计频数（不空白、不遗漏、不重复），列出频数分布表；

（4）在横轴上以组距为底，在纵轴上以对应的频数为高做小矩形，得频数分布直方图。

3.3.2.2 频率分布表与频率分布直方图

【引例6】 为了了解某地区初三学生的身体发育情况，随机抽查了该地区内 100 个初三学生的体重情况，原始数据如表 3-11 所示（单位：kg）。

表 3-11

64	65	56.5	69.5	61.5	64.5	66.5	64.5	76	58.5
72	73.5	56	67	70	57.5	65.5	68	71	75
62	68.5	62.5	66	59.5	63.5	64.5	67.5	73	68
54	72	66.5	74	63	60	55.5	70	64.5	58
64	70.5	57	62.5	65	69	71.5	73	62	58
76	71	66	63.5	56	59.5	63.5	65	70	74.5
68.5	64	55.5	72.5	66.5	68	76	57.5	60	71.5
57	69.5	62.5	69.5	59	61.5	67	68	63.5	68
59	65.5	74	64.5	72	64.5	75.5	68.5	64	62
65.5	58.5	67.5	70.5	65	66	66.5	70	63	59.5

解析:(1) 由表知,最大值为 76,最小值为 54,所以极差＝76－54＝22(kg)。取全距＝极差＝22,因为根据问题的实际意义,取组距＝2,所以将区间[54,76]分成 22÷2＝11 个数组。

(2) 从第一组[54,56)开始,先统计各组的频数,再计算各组的频率,最后计算各组的比值(频率/组距),列出下列频率分布表 3-12。

表 3-12

分组	频数	频率	频率/组距
[54,56)	2	0.02	0.01
[56,58)	6	0.06	0.03
[58,60)	10	0.10	0.05
[60,62)	10	0.10	0.05
[62,64)	14	0.14	0.07
[64,66)	16	0.16	0.08
[66,68)	13	0.13	0.065
[68,70)	11	0.11	0.055
[70,72)	8	0.08	0.04
[72,74)	7	0.07	0.035
[74,76]	3	0.03	0.015
合计	100	1	0.5

(3) 如图 3-6 所示,在横轴上,以每一线段 2 为底做一个小矩形,使小矩形的高＝在纵轴上找到的对应的比值(频率/组距),得频率分布直方图。

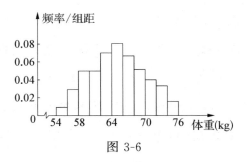

图 3-6

注1：与频数分布表比较，频率分布表和它"长得不一样"。前者比较确切保留了原始数据的痕迹，后者更多体现了原始数据在比例上的关系。

注2：与频数分布直方图比较，频率分布直方图和它"长得差不多"。其中，最大的区别是：前者的纵轴是"频数"；后者的纵坐标不是"频率"，而是一个比值（频率/组距）。因此，从频率分布直方图看不出原始数据的主要内容。

注3：从频率分布直方图上，可以清楚看出数据分布的形状。其中，因为小矩形的面积＝底×高＝组距×频率/组距＝频率，所以各小矩形的面积表示相应各数据小组的频率。这样，将频率问题转化为面积问题，有利于数学理论上的深入研究（定积分的几何意义是面积问题）。

注4：在频率分布直方图中，样本容量越大，分组数越多，直方图的顶部边缘就越接近一条光滑曲线（如图 3-7 所示），这条曲线称为**总体密度曲线**或**概率密度曲线**。

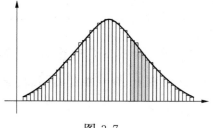

图 3-7

3.3.3　数据的代表

抽样的目的是得到样本数据。经过对样本数据的整理与分析，从而利用样本估计总体。本节先学习数据的三个特征数：平均数、中位数、众数。

3.3.3.1　平均数

定义 1：设 $x_1, x_2, \cdots, x_n$ 是任意实数，则 $\dfrac{x_1 + x_2 + \cdots + x_n}{n}$ 称为 n 个实数的算术平均数，简称平均数，记作 $\bar{x}$，读作"x 拔"。

注 1：为了书写方便，缩写 $\sum\limits_{i=1}^{n} x_i = x_1 + x_2 + \cdots + x_n$，则因为 $\bar{x} = \dfrac{1}{n}\sum\limits_{i=1}^{n} x_i$，所以在三个量 $\bar{x}$、n、$\sum\limits_{i=1}^{n} x_i$ 中，可以"知二求一"；

注 2：一组数据的平均数是唯一的。组内任一组数据的变动都能引起平均数的变动。平均数容易受到个别极端值的影响；

注 3：如果 $x_1, x_2, \cdots, x_n$ 的平均数为 $\bar{x}$，则

（1）$x_1 \pm a, x_2 \pm a, \cdots, x_n \pm a$ 的平均数为 $\bar{x} \pm a$（a 为常数）；

（2）$kx_1, kx_2, \cdots, kx_n$ 的平均数为 $k\bar{x}$（k 为常数）。

【例 1】　某篮球运动员参加一场篮球比赛，比赛分 4 节进行，已知该球员平均每节得分 8 分，求该球员 4 节比赛共得分多少？

解析：设该球员在 4 节比赛中，依次得分为 x_1, x_2, x_3, x_4，则

$$\bar{x} = \frac{1}{4}\sum_{i=1}^{n} x_i \Rightarrow \sum_{i=1}^{n} x_i = 4 \cdot \bar{x} = 4 \times 8 = 32（分）。$$

定义 2：设一组数据中有重复出现数据，如果 n 个数据中，x_1 出现 f_1 次，x_2 出现 f_2 次，……，x_k 出现 f_k 次（$f_1 + f_2 + \cdots + f_k = n$），

则称平均数 $\dfrac{1}{n}(x_1 f_1 + x_2 f_2 + \cdots x_n f_n)$ 是 **加权平均数**，其中 $f_1, f_2,$

$\cdots, f_k$ 分别是 $x_1, x_2, \cdots, x_k$ 的**权**。

注 1：如果 n 个数据 $x_1, x_2, \cdots, x_n$ 的权分别是 $t_1, t_2, \cdots, t_n$，则平均数

$$\dfrac{x_1 t_1 + x_2 t_2 + \cdots + x_n t_n}{t_1 + t_2 + \cdots t_n}$$ 称为这 n 个数的加权平均数；

注 2：如果所有数据的权相同，则加权平均数就是算术平均数，即算术平均数是加权平均数的特殊情况；

注 3：在实际问题，数据的"权"不同，表示数据的"重要程度"不同。

【例 2】 随机抽查某公司部分员工的月收入，如表 3-13 所示。求样本的平均数 $\bar{x}$？

表 3-13

月收入（元）	2 000	3 000	3 400	5 000	5 500	10 000	18 000	45 000
人数	2	11	1	6	3	1	1	1

解析：因为 $\displaystyle\sum_{i=1}^{8} x_i t_i = 159\,900$，$\displaystyle\sum_{i=1}^{8} t_i = 26$，

所以 $\bar{x} = \displaystyle\sum_{i=1}^{8} x_i t_i \Big/ \sum_{i=1}^{8} t_i = \dfrac{159\,900}{26} = 6\,150$（元）。

3.3.3.2 中位数

定义 3：将一组数据按大小顺序排列后，处在中间位置的数，称为这组数据的**中位数**，记作 $\tilde{x}$，读作"x 飘"。

注 1：如果数据的个数 n 是奇数，则中位数＝最中间的数；如果数据的个数 n 是偶数，则中位数＝最中间两个数的平均数。

注 2：一组数据的中位数 $\tilde{x}$ 是唯一的。$\tilde{x}$ 可能是原始数组中的一个数，$\tilde{x}$ 也可能不是原始数组中的一个数。

注 3：由中位数 $\tilde{x}$ 的定义知，在原始数组中，中位数 $\tilde{x}$ 以上和以下的数据个数各占一半（数组的大小顺序，由小到大、由大到小皆可）。

【例 3】 （单选题）某集团公司为了了解员工参加防疫志愿者活动的情况，抽查了 100 个员工，先统计了他们参加活动的时间，又绘制了频数分布直方图如图 3-8 所示。试确定参加防疫志愿者活动时间的中位数的取值范围是（　　）。

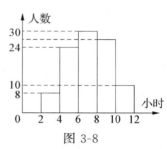

图 3-8

A. 4～6 小时　　　　　　　　B. 6～8 小时

C. 8～10 小时　　　　　　　D. 无法确定

解析：依题意，这里共有 100 个原始数据，最中间的两个数是第 50 个和第 51 个数。由直方图知，第 50 个和第 51 个数都落在第三组，所以中位数 $\tilde{x}$ 的取值范围是 6～8 个小时，所以选 B。

3.3.3.3　众数

定义 4：在一组数据中，出现次数最多的那个数，称为这组数据的**众数**，记作 $\hat{x}$，读作"x 尖"。

注 1：区别于频数，众数 $\hat{x}$ 是出现次数最多的那个数，而 $\hat{x} \neq$ 它出现的次数；

注 2：在一组数据中，众数可能不唯一。但是，众数在一定条件下

（$\hat{x}$ 多次重复出现,以至于其他数据的作用相对较小)可以代表整体情况。

【例4】 求下列各组数据的众数 $\hat{x}$：

(1) 5,6,7,8,9,9；

(2) 5,6,6,7,8,9,9；

(3) 5,6,7,8,9。

解析：(1) 众数 $\hat{x}=9$。(2) 众数 $\hat{x}=6$ 或 9。(3) 众数不存在。

平均数 $\bar{x}$、中位数 $\tilde{x}$、众数 $\hat{x}$ 的优缺点及其联系如表3-14所示。

表 3-14

类别	平均数 $\bar{x}$	中位数 $\tilde{x}$	众数 $\hat{x}$
优点	$\bar{x}$ 能充分利用各数据,在实际问题中常用 $\bar{x}$ 估计总体平均值	$\tilde{x}$ 不受个别极端值影响,如果个别极端值变动较大,则用 $\tilde{x}$ 描述数组集中趋势	$\hat{x}$ 只与部分数据有关,如果某数多次重复出现,$\hat{x}$ 更能描述数组集中趋势
缺点	求 $\bar{x}$ 时所有数据都参与运算,容易受到个别极端值影响	$\tilde{x}$ 不能充分利用所有数据提供的信息	当 $\hat{x}$ 不唯一时,它几乎没有特别意义
联系	$\bar{x}$、$\tilde{x}$、$\hat{x}$ 都是描述一组数据的集中趋势的特征数		

3.3.4 数据的波动

【引例1】 评判手表质量的重要指标是"走时误差",现从甲、乙两种品牌手表中各随机抽样10支,测得误差如表3-15所示。

表 3-15

走时误差(单位:秒/日)	−2	−1	0	1	2
甲品牌手表(单位:支)	1	1	6	1	1
乙品牌手表(单位:支)		1	8	1	

解析:根据问题的实际意义,利用加权平均数,求"走时误差"的平均数,

因为甲的 $\overline{x}_1 = \dfrac{-2\times1+(-1)\times1+0\times6+1\times1+2\times1}{1+1+6+1+1} = 0$,

乙的 $\overline{x}_2 = \dfrac{-1\times1+0\times8+1\times1}{1+8+1} = 0$,

所以评判失败,究其原因,是由"正负抵消"引起。为此,引进下列概念。

定义 1:设一组数据 $x_1, x_2, \cdots, x_n$,其平均数为 $\overline{x}$,则称

$$s^2 = \frac{1}{n}\sum_{i=1}^{n}(x_i - \overline{x})^2 = \frac{1}{n}\left[(x_1 - \overline{x})^2 + (x_2 - \overline{x})^2 + \cdots + (x_n - \overline{x})^2\right]$$

是这组数据的<u>方差</u>,简记作 s^2。

注 1:方差反映了一组数据在它的平均数邻近波动的情况:方差越大,数据波动越大;方差越小,数据波动越小。

注 2:方差的性质:

(1) 数组 $x_1, x_2, \cdots, x_n$ 与数组 $x_1+a, x_2+a, \cdots, x_n+a$ 的方差相等;

(2) 设 $x_1, x_2, \cdots, x_n$ 的方差为 s^2,则 $ax_1+b, ax_2+b, \cdots, ax_n+b$ 的方差为 a^2s^2。

注3:方差的求法:

(1) 定义法:即利用上述方差的定义表述式求方差;

(2) 原始数据计算法:如果原始数据较少,则使用公式

$$s^2 = \frac{1}{n}\left[(x_1^2 + x_2^2 + \cdots + x_n^2) - n\bar{x}^2\right];$$

(3) 新设数据计算法:如果原始数据较多且比较集中,则将每一个原始数据减去同一个常数 a(a 是 $\bar{x}$ 的估计值)得到一组新数据

$$x_1' = x_1 - a, x_2' = x_2 - a, \cdots, x_n' = x_n - a,$$

此时使用公式

$$S^2 = \frac{1}{n}\left[(x_1'^2 + x_2'^2 + \cdots + x_n'^2) - n\bar{x}'^2\right]。$$

【例1】 (续引例1)利用方差评判甲、乙两种品牌手表的质量?

解析:利用定义法分别求甲、乙两种品牌手表"走时误差"的方差,

因为甲的 $S_1^2 = \frac{1}{5}\left[(-2-0)^2 + (-1-0)^2 + (0-0)^2 + (2-0)^2\right]$

$= 2$,

乙的 $S_2^2 = \frac{1}{3}\left[(-1-0)^2 + (0-0)^2 + (1-0)^2\right] = \frac{2}{3}$,

又因为根据问题的实际意义,这里的方差越小越好,

所以由 $\frac{2}{3} < 2 \Rightarrow$ 乙的质量优于甲的质量。

【例2】 (续引例1)因为手表"走时误差"的单位是"秒/日",所以由方差的定义知,甲、乙两个方差 2、$\frac{2}{3}$ 的单位是$(秒/日)^2$。有的单位

的平方有意义,例如长度单位"米"的平方"米²"="平方米",但是"走时误差"的单位的平方(秒/日)² 无意义(怎样解释?),所以引进下列概念。

定义 2:方差的算术平方根,称为<u>标准差</u>,记作 S,即 $S=\sqrt{S^2}$。

注 1:标准差的单位与原始数据的单位完全一致;

注 2:在一切实际问题中,人们都是使用标准差(而不使用方差)描述一组数据在它的平均数邻近波动的情况:标准差越大,数据波动越大;标准差越小,数据波动越小。但是,利用方差是求标准差的唯一方法。

【例3】   为了从甲、乙两个跳远运动员中选拔一人去参加运动会,所制定的选拔标准是,先看两人的平均成绩,如果平均成绩相差无几,则再看两人成绩的稳定性。因此,两人进行了 15 次对抗比赛,原始数据如表 3-16 所示(单位:cm)。

表 3-16

甲	755	752	757	744	743	729	721	731
乙	729	767	744	750	745	753	745	752
甲	778	768	761	773	764	736	741	
乙	769	743	760	755	748	752	747	

解析:因为两人所有数据都在 700 以上,所以使用下列方法求平均数。

对于甲,由 $\dfrac{1}{15}(55+52+\cdots+41)=50.2 \Rightarrow \bar{x}_甲=750.2$,

对于乙,由 $\dfrac{1}{15}(29+67+\cdots+47)=50.6 \Rightarrow \bar{x}_乙=750.6$。

为了求两人的方差,采用"新设数据计算法":

因为已知 $a=750$ 是 $\bar{x}$ 的估计值,所以

对于甲,$x'_1=5,x'_2=2,\cdots,x'_{15}=-9\Rightarrow\bar{x'}=3$,

所以 $S^2=\dfrac{1}{15}[(5^2+2^2+\cdots+9^2)-15\times3^2]=260\Rightarrow S=16.1$;

对于乙,$x'_1=-21,x'_2=17,\cdots,x'_{15}=-3\Rightarrow\bar{x'}=9$,

所以 $S^2=\dfrac{1}{15}[(21^2+17^2+\cdots+3^2)-15\times9^2]=11.07\Rightarrow S=3.3$。

因为 $3.3<16.1$,又因为标准差越小,数据波动越小,成绩越稳定,所以依题意,应该选拔乙去参加运动会。

练习题 3.3

1. 已知甲、乙、丙三个车间在同一天内生产的同一种产品分别是 150 件、130 件、120 件。为了了解各车间的产品质量情况,从中取出一个容量为 40 的样本,应该怎样抽样?

2. 如果需要完成下列两项调查:

    (1) 从一个社区 125 户高收入家庭、280 户中等收入家庭、95 户低收入家庭中选出 100 户,调查社会购买力的某项指标;

    (2) 从某中学初中一年级的 12 个体育特长生中,选出 3 人调查学习负担情况。试问,分别采用怎样的抽样方法比较合理?

3. 为了了解一批灯泡(万余只)的使用寿命,从中抽取了 100 只,测得使用寿命如表 3-17 所示(单位:小时)。

表 3-17

使用寿命	只数	使用寿命	只数
$[500, 600)$	1	$[1\,000, 1\,100)$	25
$[600, 700)$	3	$[1\,100, 1\,200)$	18
$[700, 800)$	7	$[1\,200, 1\,300)$	6
$[800, 900)$	16	$[1\,300, 1\,400)$	3
$[900, 1\,000)$	20	$[1\,400, 1\,500]$	1

（1）编制频率分布表；

（2）分别绘制频数分布直方图、频率分布直方图，并比较两图。

4. 某商场为了了解某商品的销售情况，从上个月的销售记录中，随机抽取了 5 天该商品的销售记录，其每件售价 x（元）与对应销量 y（件）的原始数据如表 3-18 所示。求这 5 天中，该商品平均每件的售价是多少元？

表 3-18

售价 x（元）	90	95	100	105	110
销量 y（件）	110	100	80	60	50

5. 某公司拟定招聘两个职员，对甲、乙、丙、丁 4 个候选人进行了笔试和面试，两项测试的满分均为 100 分，然后按笔试占 60%，面试占 40% 计算综合成绩。已知 4 人各项成绩如表 3-19 所示。

（1）现得知候选人丙的综合成绩为 87.6 分，求表中的值；

（2）依题意，以综合成绩排序，该公司应该录取谁？

表 3-19

候选人	甲	乙	丙	丁
笔试得分	90	84		88
面试得分	88	92	90	86

6. 设从总体抽出容量为 5 的样本，原始数据分别为：8，9，10，11，12。试求样本平均数和样本方差 S^2。

7. 在北京，为了缓解天安门前长安街交通高峰的压力，市政府采取了错时上下班的措施。表 3-20 是采取措施前后每 30 分钟通过的汽车流量。

（1）从 6:30 至 9:30，采取措施前后，汽车的平均流量有变化吗？

（2）分别求两组数据的标准差，从而判定采取的措施是否有效？

表 3-20

时间段	6:30—7:00	7:00—7:30	7:30—8:00	8:00—8:30	8:30—9:00	9:00—9:30
采取措施前汽车流量（辆）	2 000	2 500	3 000	1 800	1 700	1 600
采取措施后汽车流量（辆）	1 800	2 200	2 500	2 300	2 000	1 800

第4章 简单的图论

4.1 图论的基本概念

4.1.1 图论的起源与应用方向

4.1.1.1 七桥问题

在俄罗斯的西北地区,有一座城市叫加里宁格勒。城里有一条长长的河,叫做布格河。如图4-1所示,布格河横贯加里宁格勒城区,并且布格河有两个支流,其中一条支流被称为旧河,另一条支流被称为新河。在新、旧两河与布格河之间夹着一块岛形的陆地。于是,整个加里宁格勒城区,被分成了岛(A)、北(B)、东(C)、南(D)四个区。而连接这样四个区的是七座古老的桥(图4-1中直线段所示)。

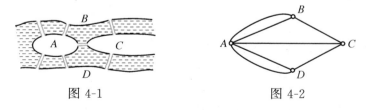

图4-1   图4-2

有一天,某少年提出,能不能一次走遍七桥,条件是每一座桥只经过一次?经过多人多次试验失败后,人们只好把"七桥问题"交给了当时的大数学家欧拉。欧拉先计算出走遍七桥共有7!＝5 040种不同走法,这显然不易实现,后来欧拉把岛、北、东、南四块陆地抽象

成 A、B、C、D 四个点,如图 4-2 所示,把七座桥抽象成七条线段(可以是直线段,也可以是曲线段),最终欧拉证明:不可能走通!后来,欧拉于 1736 年公开发表了关于"七桥问题"的文章,这篇文章不仅彻底解决了"七桥问题",而且开创了图论研究的先河。

4.1.1.2 "树"的来历

继欧拉于 1736 年发表的文章之后,1847 年,克希霍夫为了给出电子网络方程而引进了"树"的概念(如图 4-3)。巧合的是,1857 年,凯莱在研究烷 C_nH_{2n+2} 的同分异构体时,也发现了"树"。如图 4-3 所示,与自然生长的树不同(自然生长的树是树根在下,树枝和树叶在上),因为人们书写的习惯是"先左后右,先上后下",所以图论中的树,规定为:树根在最上方,树枝在中间,树叶在最下方。

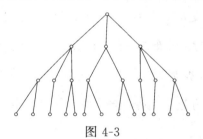

图 4-3

4.1.1.3 图论的应用方向

图论中的"图"是泛指某一类事物及其这些事物之间的联系。因此,用点表示这些具体事物,用线段表示两个事物之间的特定联系,就得到了描述这个"图"的几何模型。因此,图论作为应用数学的一个分支在社会科学、自然科学,甚至在现实生活中的应用十分广泛,尤其是在 AI 之中。

4.1.2　图的三个基本定义

定义 1：设 P 是点的集合，L 是连接不同两点的边的集合，则称 $G = \langle P, L \rangle$ 是图。也称 G 是由点和点之间的边组成的图形。

注 1：设 $G = \langle P, L \rangle$ 是一个图，今后用 $P(G)$ 表示图 G 的点的集合，用 $L(G)$ 表示图 G 的边的集合。设边 l 是图 G 中连接两点 v_1 与 v_2 的边，则称 v_1 与 v_2 是 l 的端点，并称 v_1 与 v_2 相邻。在不引起混淆条件下，边 l 也记作 $v_1 v_2$。

注 2：如果 $P(G)$ 是有限集合，则称 G 是有限图（在本书范围内，只研究有限图）。只有点没有边的图形，称为空图。有且只有一个点的图形，称为平凡图。

【例 1】　设 $G = \langle P, L \rangle$ 是图 4-4，则 $P = \{v_1, v_2, v_3, v_4, v_5\}$，$L = \{v_1 v_2, v_2 v_3, v_3 v_4, v_4 v_5, v_5 v_1\}$。其中，人们约定：图论中的点都用"空心点"表示。

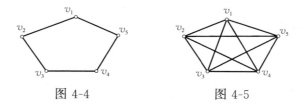

图 4-4　　　　　　　　　图 4-5

【例 2】　如图 4-5 所示，各点之间有且只有一条边相连的图，称为完全图。具有 n 个点的完全图，记作 K_n。图 4-5 即 K_5。

定理：完全图 K_n 的边数为 $C_n^2 = \dfrac{1}{2} n(n-1)$。

证明：因为在完全图 K_n 中，任意两点之间有且只有一条边，又因为根据组合的定义，在 n 个点中任取两点不讲顺序，

所以所求完全图 K_n 的边数为 $C_n^2 = \dfrac{n(n-1)}{2!} = \dfrac{1}{2}n(n-1)$。

操作方法 1:(补边)对于任意给定的含有 n 个点的图 G,如果补上所有缺少的边,则得具有相同点数的完全图 K_n。

定义 2:对于任意给定的含有 n 个点的图 G,由这 n 个点和所有使得 G 成为完全图 K_n 的补边构成的新图形,称为 G 的<u>补图</u>,记作 $\overline{G}$。

【例3】 因为图 4-6 和图 4-7 恰好构成 K_4(边既不遗漏又不重复),所以它们互为补图。如果将其中任意一个记作 G,则另一个必定是 $\overline{G}$。

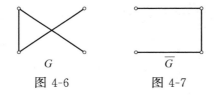

G $\overline{G}$

图 4-6   图 4-7

操作方法 2:(删边)删去图 G 的某几条边,但保留图 G 所有原来的端点。

操作方法 3:(删点)删去图 G 的某几个点以及与该点关联的所有的边。

【例4】 已知完全图 K_4 如图 4-8(a)所示,

(1) 如果删去边 v_1v_2,v_1v_3 后,则得图 4-8(b),记作 G';

(2) 如果删去点 v_3 <u>以及与该点关联的所有的边(今后不再赘述)</u>,则得图 4-8(c),记作 G''。(已知图 G'' 可以是完全图,也可以不是完全图)。

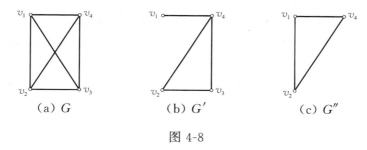

图 4-8

定义 3：已知图 G，如果利用删边或删点得到的新图 G'，则称 G' 是 G 的<u>子图</u>，并称 G 是 G' 的<u>母图</u>。如果 G' 是 G 的子图，且 $P(G')=P(G)$，即只删边不删点，则称 G' 是 G 的<u>支撑子图</u>。

注 1：在图 4-8 中，(b)G' 和 (c)G'' 都是 (a)G 的子图，其中 (b)G' 是 (a)G 的支撑子图，但 (c)G'' 不是 (a)G 的支撑子图。子图和支撑子图均不唯一。

注 2：子图的本质是母图的局部，即子图所有的点和边必须是母图中的点和边，亦即根据母图得到的子图既不能补边又不能补点。

【例 5】 在图 4-9 中，已知图 (a)G，则 (b)G' 是 (a)G 的子图，(c) G'' 是 (a)G 的支撑子图，(d)G''' 不是 (a)G 的子图。

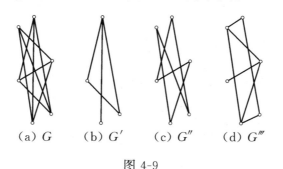

图 4-9

4.1.3 图中点的度数

图论的基本任务是用点表示事物，用边表示事物之间的联系，从

而逐步形成图论的理论研究体系。为此,引进下列点的度数的概念。

定义1:在已知图 G 中,以点 v 为端点的边的条数,称为点 v 的度数,记作 $d(v)$。

注1:如图 4-10 所示,G 的最大度数记作 $\Delta(G) = d(v_1) = 4$,G 的最小度数记作 $\delta(G) = d(v_3) = 1$。规定,孤立点的度数为 0。

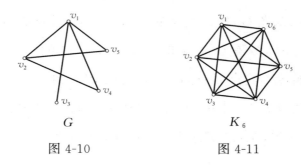

图 4-10   图 4-11

注2:如图 4-11 所示,容易证明,完全图 K_n 中每一个点的度数都是 $(n-1)$。

注3:欧拉于 1736 年给出的下列定理,称为**握手定理**,它是图论中的基本定理。

定理:(握手定理)在图 $G = \langle P, L \rangle$ 中,所有点的度数总和等于边数的两倍,记作 $\sum d(v) = 2\text{card}(L)$。

证明:因为由图的定义知,图中每一条边必连接不同两点(握手必是两人),又因为由点的度数定义知,一条边给予所连接点的度数为 1,所以在一个确定的图 G 中,点的度数总和等于边数的两倍。

理解为,一群人中握手的人数 = 2 × 握手次数(条件是不遗漏不重复)

【例1】 已知图 G 共有 11 条边,其中 1 个点的度数为 4,4 个点的度数为 3,其余所有点的度数均不大于 2,求 G 中至少有多少个点?

解析:因为已知图 G 共有 11 条边,

所以由握手定理 $\Rightarrow$ 图 G 中所有点的度数和$=22$;

又因为"1 个点的度数为 4,4 个点的度数为 3"共占去 16 度,

所以总共还剩 6 度。

依题意,假设其余所有点的度数恰好都是 2,

所以由握手定理 $\Rightarrow$ 还需要 3 个点。

所以所求 G 中至少有 $1+4+3=8$ 个点。

推论:(握手定理的推论)在图 G 中,度数为奇数的点必定是有偶数个。

【例 2】 求证:在一场足球比赛中,传球次数为奇数的队员人数必定是偶数。

证明:将参加这场比赛的队员抽象看作是图 G 中的点,每两个互相传球的队员用边连接,则所得图 G 就是这场比赛中传球的数学模型。于是,由握手定理的推论知,结论正确。

练习题 4.1

1. 根据下列条件,画出各图 $G=\langle P,L\rangle$:

　(1) $P=\{v_1,v_2,v_3\},L=\{v_1v_2,v_2v_3\}$;

　(2) $P=\{v_1,v_2,v_3,v_4,v_5\},L=\{v_1v_2,v_2v_3,v_1v_4,v_3v_4,$
　　　$v_4v_5\}$。

2. 设 $P=\{u,v,t,x,y\}$,根据下列条件,画出各图 $G=\langle P,L\rangle$:

　(1) $L=\{uv,ut,ux,uy\}$;

　(2) $L=\{uv,vt,tx,xy,yv,yt\}$。

3. 分别求完全图 $K_3, K_4, K_5, K_6, K_7, K_8, K_9$ 的边的条数。

4. 在图 4-12 中，已知图 G，求作补图 $\overline{G}$：

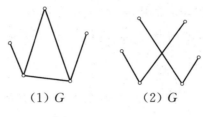

$(1)\ G$ $(2)\ G$

图 4-12

5. 在图 4-13 中，已知下列图 G，先求作 G 的两个不同子图，再求作 G 的两个不同支撑子图：

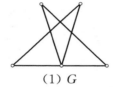

$(1)\ G$ $(2)\ G$

图 4-13

*6. 求证：在任意 6 个人的聚会上，总会有 3 个人互相认识或有 3 个人互相不认识（这里所说的"互相认识"是指甲认识乙的同时乙也认识甲）。

*7. 一串数 1，3，3，4，5，6，6 能不能是某个图 G 中点的度数的数列？（提示：利用握手定理的推论）。

4.2 权图中的最短路问题

4.2.1 图 G 中的路与回路

在图论研究中,经常需要考虑从某一个点出发,沿着一些边连续移动而到达另外一个指定的点,这种依次由点和边组成的序列,就是路。

定义 1:设 $v_0, v_1, \cdots, v_n$ 是图 G 中各不相同的点,则序列 $(v_0, v_1, \cdots, v_n)$ 称为图 G 中<u>长度为 n 的路</u>,也称为<u>简单路</u>。如果 $v_0 = v_n$,则称为<u>回路</u>。

【例 1】 如图 4-14 所示,ADE 和 $ADEBC$ 都是简单路,但 $BEADEC$ 不是简单路。另外,$ADEA$ 和 $ADEFA$ 都是回路,但 $BEADECB$ 不是回路。

定理 1:在图 G 中,如果从点 u 到点 v 存在一条路,则必有从 u 到 v 的简单路。

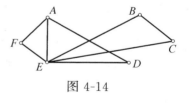

图 4-14

证明:如果从点 u 到点 v 的路已经是简单路,则结论成立。如果从 u 到 v 不是简单路,则至少有一个点 t 重复出现,因此此时经过 t 有一条回路,删去此回路上所有的边,则得从 u 到 v 的简单路。如果此时从 u 到 v 仍有重复点,则继续此法。直到从 u 到 v 的路上没有重复点,则得从 u 到 v 的简单路。

定理 2:如果图 G 中有 n 个点,则

(1)任何简单路的长度均不大于 $(n-1)$;

(2)任何简单回路的长度均不大于 n。

证明:因为在具有 n 个点的图 G 中,任何简单路中最多有 n 个点,任何简单回路中最多有 $(n+1)$ 个点,所以任何简单路的长度均不大于 $(n-1)$,任何简单回路的长度均不大于 n。

定义 2:在图 G 中,如果任意两点 u 与 v 之间都存在一条路,则称图 G 是<u>连通的</u>。

【例 2】 在图 4-15 中,图 4-15(1)G 是连通的,图 4-15(2)G 不是连通的。

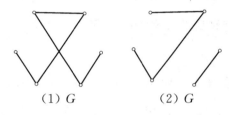

(1) G (2) G

图 4-15

4.2.2 权图中的最短路问题

在很多社会科学、自然科学,甚至在现实生活中,人们经常需要解决最优化问题。本节研究权图中某两点(一般是指起点与终点)的最优化(即最短路)问题。

定义 3:设 $G = \langle P, L \rangle$ 是有限图,如果对于 G 中的每一条边 l,都有一个实数 $t(l)$ 附着其上,则称 G 是<u>权图</u>,并称实数 $t(l)$ 是边 l 的<u>权重</u>。

注 1:如果图 G 是描述各城市之间的铁路交通图,则对于图 G 的一条边,可将铁路长度附着其上,作为这条边的权重,这样的铁路交通图就是权图。

注 2:在权图 G 中,从点 u 到点 v 可能有多条路。在多条路中,求出权和最小的一条路,显然具有实际意义。为此,人们引进下列概念。

定义 4:在权图 G 中,从点 u 到点 v 所带权和最小的一条路,称为权图 G 中的**最短路**。这个权和最小值,称为从 u 到 v 的**距离**,记作 $d\langle u,v \rangle$。

说明:(1) 在权图 G 中,规定:任意一点 u 到自身的距离为 0,即 $d\langle u,u \rangle = 0$;

(2) 在权图 G 中,如果 u 到 v 没有路,则规定 $d\langle u,v \rangle = +\infty$;

(3) 在权图 G 中,如果"从 u 到 v"和"从 v 到 u"都有路,

则可能 $d\langle u,v \rangle = d\langle v,u \rangle$,但也可能 $d\langle u,v \rangle \neq d\langle v,u \rangle$。

双标号法:即求权图中最短路的方法,称为**双标号法**。此法是 1959 年由荷兰计算机科学家迪克斯特拉(Dijkstra)提出的,被公认为目前最成熟的一种算法。通俗地讲,此法的主要思想是利用点到点集的最短路代替两点间的最短路,这种代替有助于形成递归过程,而且可以统筹考虑,一次性求出起点 u_0 到其他所有点的最短路。证明从略。

【例 3】 在权图 4-16 中,利用双标号法(即迪克斯特拉算法)求出了点 u_0 到其他七个点的最短路,各图中的最短路用灰色线标示。

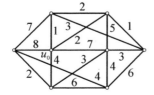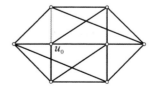

图 4-16

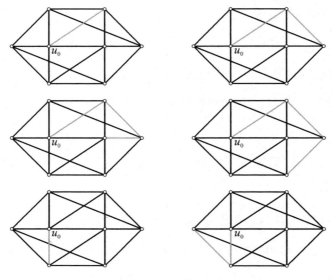

图 4-16（续）

练习题 4.2

1. 分析图 4-17，求点 A 到点 D 的所有简单路。

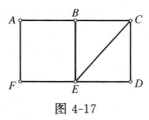

图 4-17

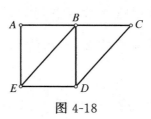

图 4-18

2. 分析图 4-18，(1) 求 E 到 B 的所有简单路；(2) 求所有的简单回路。

3. 如图 4-19 所示，求点 u_0 到其他六个点的最短路。

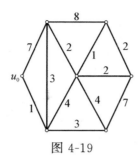

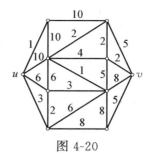

图 4-19   图 4-20

4. 如图 4-20 所示,求点 u 到点 v 的最短路。

*****5.** (利用路的概念解下列摆渡问题)某人带一匹狼、一只羊、一颗大白菜,要划船渡河。已知河上只有一条小船,而且只有该人能划船,船上每次只能由人带一件东西过河。其中,不能让狼和羊、羊和菜单独留下。求解该人应该怎样安排摆渡过程?

4.3   树

4.3.1   树的概念

树是信息学中经常使用的一种数据结构。把树的图形画出来,它很像自然界的树,所以取名为树,并且有关树的其他术语,也取名于自然界中树的相关术语。

定义 1:设 $G = \langle P, L \rangle$ 是有限图,如果 G 是连通的并且无回路,则称 G 是树。

【例 1】 在图 4-21 中,图(1)G 是树,图(2)G 不是树(有回路),图(3)G 不是树(不连通)。

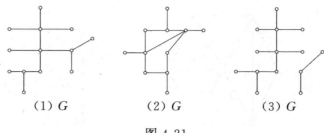

(1) G (2) G (3) G

图 4-21

注 1：由支撑子图（只删边不删点的子图）的定义知，设 G 是任意有限连通图，如果 G 中有回路，则利用删边、删回路的算法，必能得到一个支撑子图是树，并将此树 G' 称为原母图的**支撑树**。

注 2：通常，人们习惯将支撑树记作 T。在理论上，可以证明（具体证明从略），任意支撑树 T 中必有一个特殊点 v_1，称为树 T 的**根**。特别地，只由一个点构成的树，也称为**根树**。

注 3：从树 T 中删去根 v_1，同时删去以 v_1 为端点的边后，所得图形（如图 4-22 所示）称为 v_1 的**子树**。又因为所有子树的根都与 v_1 相邻，所以子树的根也称为 v_1 的**儿子**。

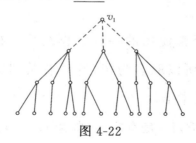

图 4-22

定义 2：在任意树 T 中，度数 $\geqslant 2$ 的点称为树的**分枝点**，度数为 1 的点称为树的**叶**。

【例 2】 在图 4-23 所示的根树 T 中，a 是 T 的根。删去 a 以及以 a 为端点的边后，得三棵子树 T_1,T_2,T_3。这每棵子树也是根树，

其根分别是 b,c,d。在这棵根树 T 中，a、b、c、d、e、h 都是分枝点，i、f、g、j、k 都是叶。

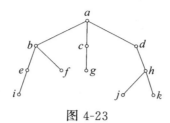

图 4-23

注 1：在研究根树的过程中，根据行业内部约定俗成，人们习惯把树的根称为是子树的根的父亲，子树的根互相称为兄弟，并且都是它们父亲的儿子。根树的根是没有父亲的，根树的叶是没有儿子的。

注 2：在上图所示根树中，a 有三个儿子，分别是 b,c,d。a 是 b，c,d 的父亲，b 是 e 和 f 的父亲，b 有两个儿子分别是 e,f，等等。另外，b,c,d 是兄弟，e 和 f 也是兄弟。

4.3.2　二叉树的遍历问题

二叉树在信息学中的应用十分广泛，其关键问题是要找到一种方法访问树的所有点，并且每个点恰好被访问一次。

定义 3：如果根树 T 的每个点最多只有两棵树，则称 T 是<u>二叉树</u>。如果二叉树的每一个分枝点都有两棵子树，则称为<u>完全二叉树</u>。完全二叉树左边的一棵称为<u>左子树</u>，完全二叉树右边的一棵称为<u>右子树</u>。

【例 3】　图 4-24 是二叉树，也是完全二叉树。

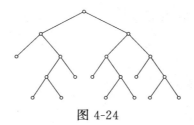

图 4-24

【例 4】 图 4-25 是二叉树,但不是完全二叉树。

图 4-25

注 1:在不是完全二叉树的二叉树中,如果只出现一棵子树,则允许自行定义,既可以指定为左子树,也可以指定为右子树。

注 2:所谓二叉树的遍历问题是指访问二叉树的每一个点,并且每个点恰好被访问一次。详见下列遍历法。

遍历法:遍历二叉树的方法主要有三种:

（1）先根遍历法:访问根,遍历左子树,遍历右子树;

（2）中根遍历法:遍历左子树,访问根,遍历右子树;

（3）后根遍历法:遍历左子树,遍历右子树,访问根。

【例 5】 试用三种方法遍历图 4-26 的完全二叉树:

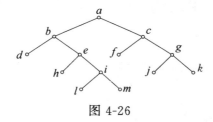

图 4-26

解析:（1）先根次序下,各点被访问的先后关系是:$abdehilmcfgjk$;

（2）中根次序下,各点被访问的先后关系是:$dbhelimafcjgk$;

（3）后根次序下,各点被访问的先后关系是:$dhlmiebfjkgca$。

说明: 中根次序下所得表达式也称为<u>中缀表示</u>;

后根次序下所得表达式也称为<u>后缀表示</u>或称为<u>逆波兰记法</u>。

【**例 6**】 试用三种方法遍历图 4-27 的一般二叉树:

图 4-27

解析:（1）先根次序下,各点被访问的先后关系是:$abdcegfhi$;

（2）中根次序下,各点被访问的先后关系是:$dbaegchfi$;

（3）后根次序下,各点被访问的先后关系是:$dbgehifca$。

练习题 4.3

1. 如图 4-28 所示,因为有限连通图 G 中有回路,所以请读者利用删边、删回路的算法,作出原图 G 的支撑树 G'。

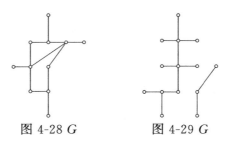

图 4-28 G 图 4-29 G

2. 如图 4-29 所示,因为有限图 G 不连通,所以请读者利用补边的算法,作出原母图的支撑树 G'。

3. 试用三种方法遍历图 4-30 的完全二叉树：

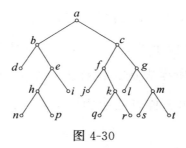

图 4-30

4. 试用三种方法遍历图 4-31 的一般二叉树：

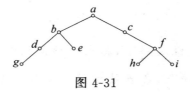

图 4-31

第5章　行列式与矩阵

5.1　行列式的概念与计算

5.1.1　二阶行列式的概念与计算

定义1：如下式左端，由 2^2 个数组成的2行2列表达式，称为<u>二阶行列式</u>。

$$\begin{vmatrix} a_{11} & a_{12} \\ a_{21} & a_{22} \end{vmatrix} = a_{11}a_{22} - a_{12}a_{21}。$$

注1：上式右端称为<u>二阶行列式的展开式</u>。其特点是，展开式共有 $2! = 2$ 项，每一项都是来自不同行、不同列的2个元素之积。

注2：展开式的计算方法：从左上角到右下角的对角线称为<u>主对角线</u>，主对角线上元素的乘积带"＋"号；从右上角到左下角的对角线称为<u>副对角线</u>，副对角线上元素的乘积带"－"号。通常，人们将此称为<u>对角线法则</u>。

【例1】　计算下列各二阶行列式：

(1) $\begin{vmatrix} 1 & 2 \\ 3 & 4 \end{vmatrix}$；　　　　　　(2) $\begin{vmatrix} a+b & 1 \\ 0 & a-b \end{vmatrix}$。

解析：(1) $\begin{vmatrix} 1 & 2 \\ 3 & 4 \end{vmatrix} = 1 \times 4 - 2 \times 3 = -2$；

$$(2) \begin{vmatrix} a+b & 1 \\ 0 & a-b \end{vmatrix} = (a+b)(a-b) - 1 \times 0 = a^2 - b^2。$$

5.1.2　三阶行列式的概念与计算

定义 2：如下式左端，由 3^2 个数组成的 3 行 3 列表达式，称为 <u>三阶行列式</u>。

$$\begin{vmatrix} a_{11} & a_{12} & a_{13} \\ a_{21} & a_{22} & a_{23} \\ a_{31} & a_{32} & a_{33} \end{vmatrix} = a_{11}a_{22}a_{33} + a_{12}a_{23}a_{31} + a_{13}a_{21}a_{32} - a_{13}a_{22}a_{31}$$

$$- a_{12}a_{21}a_{33} - a_{11}a_{23}a_{32}。$$

注 1：上式右端称为 <u>三阶行列式的展开式</u>。其特点是，展开式共有 3! ＝6 项，每一项都是来自不同行、不同列的 3 个元素之积。

注 2：如图 5-1 所示，三阶行列式的对角线法则仍然成立，即从左上角到右下角的三条主对角线上的元素之积带"＋"号，从右上角到左下角的三条副对角线上的元素之积带"－"号。

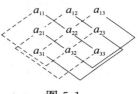

图 5-1

【**例 2**】　计算下列各三阶行列式，

$$(1) \begin{vmatrix} 2 & -3 & 1 \\ 1 & 1 & 1 \\ 3 & 1 & -2 \end{vmatrix}; \qquad (2) \begin{vmatrix} a_{11} & a_{12} & a_{13} \\ 0 & a_{22} & a_{23} \\ 0 & 0 & a_{33} \end{vmatrix}。$$

解析：(1) 原式 $= 2 \times 1 \times (-2) + (-3) \times 1 \times 3 + 1 \times 1 \times 1 - 1 \times 1 \times 3 - (-3) \times 1 \times (-2) - 2 \times 1 \times 1 = -23$；

(2) 原式 $= a_{11}a_{22}a_{33} + 0 + 0 - 0 - 0 - 0 = a_{11}a_{22}a_{33}$。

5.1.3　n 阶行列式的概念与性质

定义 3： 如下列所示，由 $n^2(n \geqslant 2, n \in \mathbf{N}_+)$ 个数组成的 n 行 n 列表达式，称为 **n 阶行列式**，通常记作 D，即

$$D = \begin{vmatrix} a_{11} & a_{12} & \cdots & a_{1n} \\ a_{21} & a_{22} & \cdots & a_{2n} \\ \cdots & \cdots & \cdots & \cdots \\ a_{n1} & a_{n2} & \cdots & a_{nn} \end{vmatrix}。$$

注 1： n 阶行列式的展开式应该有 $n!$ 项，每一项都是来自不同行、不同列的 n 个元素之积。

注 2： 然而，四阶和四阶以上的行列式没有对角线规则。这是因为，本来四阶行列式的展开式应该共有 4！ ＝24 项，但是如图 5-2 所示，按照对角线法则，人们只能找到 8 项。

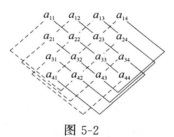

图 5-2

注 3： 为了解决行列式的计算，人们专门研究行列式的性质。本书将行列式的性质，归纳成 7 个字：转，交，同，提，比，拆，加。

定义 4： 将行列式 D 的每一行写成对应的列，所得新行列式称为**转置行列式**，记作 D^T。例如，

$$D = \begin{vmatrix} 1 & 2 & 3 \\ 4 & 5 & 6 \\ 7 & 8 & 9 \end{vmatrix}, \qquad D^T = \begin{vmatrix} 1 & 4 & 7 \\ 2 & 5 & 8 \\ 3 & 6 & 9 \end{vmatrix}。$$

性质 1： （转）行列式 D 与它的转置行列式 D^T 的值相等，即 $D^T = D$。

由性质 1 可知,在行列式中行与列具有同等的地位,对行成立的性质,对列也一定成立。

性质 2:(交)行列式的某两行(列)每交换一次,行列式的值改变一次符号。例如,

$$\begin{vmatrix} 1 & 2 & 3 \\ 4 & 5 & 6 \\ 7 & 8 & 9 \end{vmatrix} = - \begin{vmatrix} 4 & 5 & 6 \\ 1 & 2 & 3 \\ 7 & 8 & 9 \end{vmatrix}。$$

性质 3:(同)如果行列式中某两行(列)的对应元素相同,则行列式的值等于 0。例如,

$$\begin{vmatrix} 1 & 2 & 3 \\ 1 & 2 & 3 \\ 7 & 8 & 9 \end{vmatrix} = 0。$$

性质 4:(提)行列式中某一行(列)的公因子,可以提到行列式符号的外面。例如,

$$\begin{vmatrix} 1 & 2 & 3 \\ 4 & 5 & 6 \\ 14 & 16 & 18 \end{vmatrix} = 2 \begin{vmatrix} 1 & 2 & 3 \\ 4 & 5 & 6 \\ 7 & 8 & 9 \end{vmatrix}。$$

性质 5:(比)如果行列式中某两行(列)的对应元素成比例,则行列式的值等于 0。例如,

$$\begin{vmatrix} 1 & 2 & 3 \\ 4 & 5 & 6 \\ 3 & 6 & 9 \end{vmatrix} = 0。$$

性质 6:(拆)如果行列式某一行(列)所有元素都是两项之和,则

该行列式可以拆成两个行列式之和。例如,

$$\begin{vmatrix} 1 & 2+a & 3 \\ 4 & 5+b & 6 \\ 7 & 8+c & 9 \end{vmatrix} = \begin{vmatrix} 1 & 2 & 3 \\ 4 & 5 & 6 \\ 7 & 8 & 9 \end{vmatrix} + \begin{vmatrix} 1 & a & 3 \\ 4 & b & 6 \\ 7 & c & 9 \end{vmatrix} 。$$

性质 7:(加)将行列式某一行(列)所有元素 k 倍后,加到另一行(列)的对应元素上,则行列式的值不变。例如,

$$\begin{vmatrix} a_{11} & a_{12} & a_{13} \\ a_{21} & a_{22} & a_{23} \\ a_{31} & a_{32} & a_{33} \end{vmatrix} = \begin{vmatrix} a_{11} & a_{12}+ka_{11} & a_{13} \\ a_{21} & a_{22}+ka_{21} & a_{23} \\ a_{31} & a_{32}+ka_{31} & a_{33} \end{vmatrix} 。$$

【例 3】 利用行列式的性质,计算下列各行列式的值,

$$(1) \begin{vmatrix} 3 & 0 & 1 & 2 \\ -2 & 1 & 3 & 4 \\ -2 & 1 & 3 & 4 \\ 2 & 3 & 5 & 7 \end{vmatrix} ; \qquad (2) \begin{vmatrix} -3 & 1 & 1 & -2 \\ 1 & 2 & 0 & 3 \\ 0 & 0 & 0 & 0 \\ 4 & -3 & -2 & 1 \end{vmatrix} ;$$

$$(3) \begin{vmatrix} \dfrac{1}{2} & \dfrac{1}{2} & -1 \\ \dfrac{1}{3} & \dfrac{2}{3} & -\dfrac{2}{3} \\ \dfrac{2}{5} & \dfrac{3}{5} & -\dfrac{1}{5} \end{vmatrix} 。$$

解析:(1) 因为第 2 行与第 3 行的对应元素相同,所以原式=0.

(2) 先从第 3 行提出公因子 0,得

$$原式 = 0 \times \begin{vmatrix} -3 & 1 & 1 & -2 \\ 1 & 2 & 0 & 3 \\ 0 & 0 & 0 & 0 \\ 4 & -3 & -2 & 1 \end{vmatrix} = 0。$$

（3）同时从第 1 行，第 2 行，第 3 行，第 3 列分别提取公因子 $\frac{1}{2}$，$\frac{1}{3}$，$\frac{1}{5}$，-1，得

$$原式 = \frac{1}{2} \times \frac{1}{3} \times \frac{1}{5} \times (-1) \times \begin{vmatrix} 1 & 1 & 2 \\ 1 & 2 & 2 \\ 2 & 3 & 1 \end{vmatrix}$$

$$= -\frac{1}{30} \times (2+4+6-8-1-6)$$

$$= \frac{1}{10}。$$

练习题 5.1

1. 利用对角线法则，计算下列各行列式。

（1）$\begin{vmatrix} 2 & 1 & 1 \\ 1 & 2 & 1 \\ 1 & 1 & 2 \end{vmatrix}$；   （2）$\begin{vmatrix} 1 & 4 & -2 \\ 2 & 1 & 3 \\ -3 & -2 & 1 \end{vmatrix}$；

（3）$\begin{vmatrix} 3 & -2 & 1 \\ -2 & 1 & 3 \\ 2 & 0 & -2 \end{vmatrix}$。

2. 利用行列式的性质,计算下列各行列式。

$$(1)\begin{vmatrix} 5 & 4 & -1 & -2 \\ 15 & 12 & 3 & 2 \\ 20 & 16 & 5 & -2 \\ 25 & 20 & 7 & 2 \end{vmatrix}; \qquad (2)\begin{vmatrix} 3 & -7 & 2 & 4 \\ -2 & 5 & 1 & -3 \\ 2 & -5 & -1 & 3 \\ 4 & -6 & 3 & 8 \end{vmatrix}。$$

3. 已知 $\begin{vmatrix} 1 & 1 & 1 & 1 \\ 0 & 2 & 0 & 0 \\ 0 & 0 & 2 & 0 \\ 0 & 0 & 0 & 2 \end{vmatrix}=1\times2\times2\times2=8$,求值 $\begin{vmatrix} 3 & 1 & 1 & 1 \\ 1 & 3 & 1 & 1 \\ 1 & 1 & 3 & 1 \\ 1 & 1 & 1 & 3 \end{vmatrix}=?$

提示: $\begin{vmatrix} a_{11} & a_{12} & a_{13} & a_{14} \\ 0 & a_{22} & a_{23} & a_{24} \\ 0 & 0 & a_{33} & a_{34} \\ 0 & 0 & 0 & a_{44} \end{vmatrix}=a_{11}a_{22}a_{33}a_{44}。$

5.2　用消元法解 n 元线性方程组

5.2.1　代入消元法

定义 1:先用二元一次方程中某一个方程的一个未知量表示出另一个未知量,再代入另一个方程之中,此法称为代入消元法。

【例 1】 解二元一次方程组 $\begin{cases} 2x+3y=7 \cdots\cdots ① \\ 3x-5y=1 \cdots\cdots ② \end{cases}$

解析:由①式,得 $x=\dfrac{7-3y}{2}\cdots\cdots③$

将③式代入②式,得 $3\times\dfrac{7-3y}{2}-5y=1\Rightarrow y=1$。

将 $y=1$ 代回③式,得 $x=\dfrac{7-3\times 1}{2}=2$。

所以所求二元一次方程组的解为 $\begin{cases} x=2 \\ y=1 \end{cases}$

<u>也可记作 $(x,y)=(2,1)$。</u>

5.2.2 加减消元法

定义 2:如果某两个方程中的某一个未知量的系数恰好互为相反数,则两式相加即可"消元",此法称为<u>加减消元法</u>。

【例 2】 解二元一次方程组 $\begin{cases} 4x+3y=9\cdots\cdots① \\ 6x-4y=5\cdots\cdots② \end{cases}$

解析:①×3-②×2,得 $9y+8y=27-10\Rightarrow 17y=17\Rightarrow y=1$。

将 $y=1$ 代入①式,得 $4x+3\times 1=9\Rightarrow x=\dfrac{3}{2}$。

所以所求二元一次方程组的解为 $(x,y)=\left(\dfrac{3}{2},1\right)$。

5.2.3 整体消元法

定义 3:根据方程组中未知量的系数特点,将某一个方程或方程的一个部分看作一个整体,代入到另一个方程之中,此法称为<u>整体消元法</u>。

【例 3】 解二元一次方程组 $\begin{cases} \dfrac{9}{5}(x+y)=18\cdots\cdots① \\ \dfrac{2}{3}x+\dfrac{3}{2}(x+y)=18\cdots\cdots② \end{cases}$

解析:由①式,得 $(x+y)=10\cdots\cdots③$

将③代入②式,得 $\frac{2}{3}x + \frac{3}{2} \times 10 = 18 \Rightarrow x = \frac{9}{2}$。

将 $x = \frac{9}{2}$ 代入③式,得 $\frac{9}{2} + y = 10 \Rightarrow y = \frac{11}{2}$。

所以所求二元一次方程组的解为 $(x, y) = \left(\frac{9}{2}, \frac{11}{2}\right)$。

5.2.4 顺序消元法(高斯消元法)

定义 4:按照一定顺序,先把方程组中一部分方程化成含较少未知量的方程,再在一定条件下,最终化到每个方程只含有一个未知量,此法称为顺序消元法,也称为高斯消元法。

【例 4】 解三元线性方程组 $\begin{cases} 2x_2 + 3x_3 = -8 \\ x_1 + 3x_2 - 2x_3 = 2 \\ 2x_1 - 3x_2 + 7x_3 = -9 \end{cases}$

解析:先把方程组中第一、二两个方程互换,使互换后方程组中第一个方程中 x_1 的系数非零,得

$$\begin{cases} x_1 + 3x_2 - 2x_3 = 2 \\ 2x_2 + 3x_3 = -8 \\ 2x_1 - 3x_2 + 7x_3 = -9 \end{cases}$$

从第三个方程减去第一个方程的 2 倍,消去第三个方程中的 x_1(即使 x_1 的系数化为零),得

$$\begin{cases} x_1 + 3x_2 - 2x_3 = 2 \\ 2x_2 + 3x_3 = -8 \\ -9x_2 + 11x_3 = -13 \end{cases}$$

把第二个方程乘以 $\dfrac{1}{2}$，使其中 x_2 的系数化为 1，得

$$
\begin{cases}
x_1 + 3x_2 - 2x_3 = 2 \\
\quad\ x_2 + \dfrac{3}{2}x_3 = -4 \\
\quad -9x_2 + 11x_3 = -13
\end{cases}
$$

把第三个方程加上第二个方程的 9 倍，消去第三个方程中的 x_2，得

$$
\begin{cases}
x_1 + 3x_2 - 2x_3 = 2 \\
\quad\ x_2 + \dfrac{3}{2}\ x_3 = -4 \\
\qquad\qquad \dfrac{49}{2}x_3 = -49
\end{cases}
$$

把第三个方程乘以 $\dfrac{2}{49}$，使其中 x_3 的系数化为 1，得

$$
\begin{cases}
x_1 + 3x_2 - 2x_3 = 2 \\
\quad\ x_2 + \dfrac{3}{2}x_3 = -4 \\
\qquad\qquad x_3 = -2
\end{cases}
$$

从第一个方程减去第三个方程的 -2 倍，同时从第二个方程减去第三个方程的 $\dfrac{3}{2}$ 倍，从而消去前两个方程中的 x_3，得

$$
\begin{cases}
x_1 + 3x_2 = -2 \\
\quad\ x_2 = -1 \\
\quad\ x_3 = -2
\end{cases}
$$

从第一个方程减去第二个方程的 3 倍,消去第一个方程中的 x_2,得

$$\begin{cases} x_1 = 1 \\ x_2 = -1 \\ x_3 = -2 \end{cases}$$

所以所求三元线性方程组的解为 $(x_1, x_2, x_3) = (1, -1, -2)$。

注 1:因为一次方程对应的图形是直线,所以一次方程组也称为线性方程组。

注 2:在上述例 4 中,它是严格按照一定程序求解的:

第一步:先把第一个方程中 x_1 的系数化为 1,消去后两个方程中的 x_1(在例 4 中,因为原来第一个方程中 x_1 的系数为 0,所以先把第一、二个方程互换),再把第二个方程中 x_2 的系数化为 1,消去第三个方程中的 x_2,最后把第三个方程中 x_3 的系数化为 1。

第二步:反方向,先消去第一、二个方程中的 x_3(本质上是把第三个方程中 x_3 的值代入到第一、二两个方程中),再消去第一个方程中的 x_2(本质上是把第二个方程中 x_2 的值代入第一个方程中),这样就可以得到所求线性方程组的解。

注 3:上述这种按照一定程序消元求解线性方程组的方法,看起来有些呆板,但因为它是按照确定的程序求解,所以有利于使用电子计算机进行计算。

练习题 5.2

1. 用代入消元法解二元一次方程组 $\begin{cases} 3x + 2y = 2 \\ x + 2y = 0 \end{cases}$

2. 用加减消元法解二元一次方程组 $\begin{cases} 8x + 9y = 73 \\ 17x - 3y = 74 \end{cases}$

3. 用整体消元法解二元一次方程组 $\begin{cases} \dfrac{1}{3}x + 3y = 19 \\ \dfrac{1}{3}y + 3x = 11 \end{cases}$

4. 用顺序消元法解下列各三元、四元线性方程组：

(1) $\begin{cases} 3x_1 - x_2 + 2x_3 = 3 \\ 2x_1 + x_2 - 3x_3 = 11 \\ x_1 + x_2 + x_3 = 12 \end{cases}$ 　　(2) $\begin{cases} 2x_1 + 5x_2 + 3x_3 = 0 \\ -3x_1 - x_2 + 2x_3 = 0 \\ x_1 + 2x_2 + 4x_3 = 3 \end{cases}$

(3) $\begin{cases} 2x_1 - x_2 + 3x_3 = 1 \\ 4x_1 + 2x_2 + 5x_3 = 4 \\ 2x_1 + 2x_3 = 6 \end{cases}$ 　　(4) $\begin{cases} 2x_1 - x_2 - x_3 = 4 \\ 3x_1 + 4x_2 - 2x_3 = 11 \\ 3x_1 - 2x_2 + 4x_3 = 11 \end{cases}$

(5) $\begin{cases} 2x_1 + 3x_2 + 11x_3 + 5x_4 = 2 \\ x_1 + x_2 + 5x_3 + 2x_4 = 1 \\ 2x_1 + x_2 + 3x_3 + 2x_4 = -3 \\ x_1 + x_2 + 3x_3 + 4x_4 = -3 \end{cases}$

(6) $\begin{cases} 3x_1 - 2x_2 + x_3 - x_4 = 2 \\ 2x_1 + x_2 - x_3 - 2x_4 = 4 \\ 4x_1 - x_2 - 2x_3 + x_4 = 10 \\ 2x_1 + 3x_2 + x_3 - 3x_4 = 3 \end{cases}$

5.3 矩阵及其初等行变换

5.3.1 矩阵的概念

求解线性方程组的方法一定是消元法。由代入消元法、加减消元法、整体消元法、顺序消元法求解线性方程组的过程可以看出,消元时线性方程组中的未知量本身并不参与运算,参与运算的是未知量的系数和常数项。因此,可以只用未知量的系数和常数项的演变来表示线性方程组的消元过程,从而求出线性方程组的解。为此,下面引进矩阵的概念。

定义 1:由 $m \times n$ 个数 $a_{ij}(i=1,2,3,\cdots,m;j=1,2,3,\cdots,n)$ 排成 m 行 n 列的矩形数表,称为 $m \times n$ 阶<u>矩阵</u>,记作 $A,B,C,\cdots\cdots$

$$A = \begin{bmatrix} a_{11} & a_{12} & \cdots & a_{1n} \\ a_{21} & a_{22} & \cdots & a_{2n} \\ \cdots & \cdots & \cdots & \cdots \\ a_{m1} & a_{m2} & \cdots & a_{mn} \end{bmatrix}$$

注 1:有时,为了标明矩阵的阶数,也记作 $A_{m \times n} = [a_{ij}]_{m \times n}$,其中 a_{ij} 称为矩阵 A 第 i 行第 j 列的<u>元素</u>。

注 2:$m=n$ 时的矩阵,称为 n 阶**方阵**,记作 A_n。在 A_n 中,从左上到右下的对角线,称为<u>主对角线</u>,$a_{11},a_{22},\cdots,a_{nn}$ 称为主对角线上的元素。

注 3:除主对角线上的元素外,其余元素均为 0 的方阵,称为<u>对角矩阵</u>。主对角线上的元素都是 1 的对角矩阵,称为<u>单位矩阵</u>,记作 I_n

或 E_n。

注 4：只有一行的矩阵，称为<u>行矩阵</u>。只有一列的矩阵，称为<u>列矩阵</u>。所有元素都是 0 的矩阵，称为<u>零矩阵</u>，记作 <u>0</u>。

定义 2：含有 m 个方程、n 个未知量的线性方程组

$$\begin{cases} a_{11}x_1 + a_{12}x_2 + \cdots + a_{1n}x_n = b_1 \\ a_{21}x_1 + a_{22}x_2 + \cdots + a_{2n}x_n = b_2 \\ \cdots \quad \cdots \quad \cdots \quad \cdots \\ a_{m1}x_1 + a_{m2}x_2 + \cdots + a_{mn}x_n = b_m \end{cases}$$

可以写成 $AX = B$ 的形式，其中

$$A = \begin{bmatrix} a_{11} & a_{12} & \cdots & a_{1n} \\ a_{21} & a_{22} & \cdots & a_{2n} \\ \cdots & \cdots & \cdots & \cdots \\ a_{m1} & a_{m2} & \cdots & a_{mn} \end{bmatrix}, X = \begin{bmatrix} x_1 \\ x_2 \\ \vdots \\ x_n \end{bmatrix}, B = \begin{bmatrix} b_1 \\ b_2 \\ \vdots \\ b_n \end{bmatrix},$$

分别称为线性方程组的<u>系数矩阵、未知量矩阵、常数列矩阵</u>。由系数矩阵 A 和常数列矩阵 B 组成的矩阵，称为线性方程组的<u>增广矩阵</u>，记作 $\overline{A} = [A \quad B]$。

注 1：由本章上一节例 4 可以看出，用顺序消元法解线性方程组，其本质是做了三种变形：

（1）两个方程互换位置；

（2）用一个非零数乘以某个方程；

（3）用一个数乘以某个方程，加到另一个方程上。

注 2：对应地，利用增广矩阵求解线性方程组，其本质是施行三种变形：

（1）两行互换，记作 ①$\Longleftrightarrow$①，表示第 i、j 两行互换；

（2）用一个非零常数乘矩阵某一行的所有元素，记作 k ①，表示 k 乘第 i 行；

（3）用一个数乘矩阵某行的所有元素，加到另一行的对应元素上，记作 k ①＋①。

这三种变形，称为矩阵的<u>初等行变换</u>。

5.3.2　用矩阵的初等行变换解线性方程组

【例 1】　（续本章上一节例 4）

用矩阵的初等行变换解线性方程组 $\begin{cases} 2x_2 + 3x_3 = -8 \\ x_1 + 3x_2 - 2x_3 = 2 \\ 2x_1 - 3x_2 + 7x_3 = -9 \end{cases}$

解析：由增广矩阵 $\overline{A} = [A \quad B]$，又由本章上一节例 4 的结论知，所谓"用矩阵的初等行变换解线性方程组"，其解题思维是把系数矩阵 A 变成单位矩阵 E，同时常数列矩阵 B 就变成了所求答案矩阵 X。

$$\overline{A} = [A \quad B] = \begin{bmatrix} 0 & 2 & 3 & -8 \\ 1 & 3 & -2 & 2 \\ 2 & -3 & 7 & -9 \end{bmatrix} \xrightarrow{\;①\Longleftrightarrow②\;} \begin{bmatrix} 1 & 3 & -2 & 2 \\ 0 & 2 & 3 & -8 \\ 2 & -3 & 7 & -9 \end{bmatrix}$$

$$\xrightarrow[②\times\frac{1}{2}]{③-①\times 2} \begin{bmatrix} 1 & 3 & -2 & 2 \\ 0 & 1 & \dfrac{3}{2} & -4 \\ 0 & -9 & 11 & -13 \end{bmatrix} \xrightarrow{\;③+②\times 9\;} \begin{bmatrix} 1 & 3 & -2 & 2 \\ 0 & 1 & \dfrac{3}{2} & -4 \\ 0 & 0 & \dfrac{49}{2} & -49 \end{bmatrix}$$

$$\xrightarrow{\text{③}\times\frac{2}{49}} \begin{bmatrix} 1 & 3 & -2 & 2 \\ 0 & 1 & \dfrac{3}{2} & -4 \\ 0 & 0 & 1 & -2 \end{bmatrix} \xrightarrow[\text{①}+\text{③}\times2]{\text{②}-\text{③}\times\frac{3}{2}} \begin{bmatrix} 1 & 3 & 0 & -2 \\ 0 & 1 & 0 & -1 \\ 0 & 0 & 1 & -2 \end{bmatrix}$$

$$\xrightarrow{\text{①}-\text{②}\times3} \begin{bmatrix} 1 & 0 & 0 & 1 \\ 0 & 1 & 0 & -1 \\ 0 & 0 & 1 & -2 \end{bmatrix}。$$

所以所求线性方程组的解为$(x_1,x_2,x_3)=(1,-1,-2)$。

注1：比较本章上一节例 4 的结论，由上述例 1 可知，对增广矩阵施行一系列初等行变换，不改变线性方程组的解。

注2：在上述例 1 中，因为是对增广矩阵施行了初等行变换，前后两个矩阵之间并非相等关系，所以使用箭头连接，而不可使用等号连接。

【例 2】 用矩阵的初等行变换解线性方程组 $\begin{cases} x_1+x_2+5x_3+2x_4=1 \\ 2x_1+3x_2+11x_3+5x_4=2 \\ 2x_1+x_2+3x_3+2x_4=-3 \\ x_1+x_2+3x_3+4x_4=-3 \end{cases}$

解析：

$$\overline{A}=\begin{bmatrix} 1 & 1 & 5 & 2 & 1 \\ 2 & 3 & 11 & 5 & 2 \\ 2 & 1 & 3 & 2 & -3 \\ 1 & 1 & 3 & 4 & -3 \end{bmatrix} \xrightarrow[\substack{\text{③}-\text{①}\times2 \\ \text{④}-\text{①}}]{\text{②}-\text{①}\times2} \begin{bmatrix} 1 & 1 & 5 & 2 & 1 \\ 0 & 1 & 1 & 1 & 0 \\ 0 & -1 & -7 & -2 & -5 \\ 0 & 0 & -2 & 2 & -4 \end{bmatrix}$$

$$\xrightarrow[\substack{④×\left(-\frac{1}{2}\right)}]{③+②} \begin{bmatrix} 1 & 1 & 5 & 2 & 1 \\ 0 & 1 & 1 & 1 & 0 \\ 0 & 0 & -6 & -1 & -5 \\ 0 & 0 & 1 & -1 & 2 \end{bmatrix} \xrightarrow{③\rightleftharpoons④} \begin{bmatrix} 1 & 1 & 5 & 2 & 1 \\ 0 & 1 & 1 & 1 & 0 \\ 0 & 0 & 1 & -1 & 2 \\ 0 & 0 & -6 & -1 & -5 \end{bmatrix}$$

$$\xrightarrow{④+③×6} \begin{bmatrix} 1 & 1 & 5 & 2 & 1 \\ 0 & 1 & 1 & 1 & 0 \\ 0 & 0 & 1 & -1 & 2 \\ 0 & 0 & 0 & -7 & 7 \end{bmatrix} \xrightarrow{④×\left(-\frac{1}{7}\right)} \begin{bmatrix} 1 & 1 & 5 & 2 & 1 \\ 0 & 1 & 1 & 1 & 0 \\ 0 & 0 & 1 & -1 & 2 \\ 0 & 0 & 0 & 1 & -1 \end{bmatrix}$$

$$\xrightarrow[\substack{②-④ \\ ①-④×2}]{③+④} \begin{bmatrix} 1 & 1 & 5 & 0 & 3 \\ 0 & 1 & 1 & 0 & 1 \\ 0 & 0 & 1 & 0 & 1 \\ 0 & 0 & 0 & 1 & -1 \end{bmatrix} \xrightarrow[\substack{①-③×5}]{②-③} \begin{bmatrix} 1 & 1 & 0 & 0 & -2 \\ 0 & 1 & 0 & 0 & 0 \\ 0 & 0 & 1 & 0 & 1 \\ 0 & 0 & 0 & 1 & -1 \end{bmatrix}$$

$$\xrightarrow{①-②} \begin{bmatrix} 1 & 0 & 0 & 0 & -2 \\ 0 & 1 & 0 & 0 & 0 \\ 0 & 0 & 1 & 0 & 1 \\ 0 & 0 & 0 & 1 & -1 \end{bmatrix}。$$

所以所求解为 $(x_1, x_2, x_3, x_4) = (-2, 0, 1, -1)$。

练习题 5.3

1. 用矩阵的初等行变换解下列各线性方程组：

$$(1) \begin{cases} x_1 + 2x_2 + 4x_3 = 31 \\ 5x_1 + x_2 + 2x_3 = 29 \\ 3x_1 - x_2 + x_3 = 10 \end{cases} \qquad (2) \begin{cases} 2x_1 - 3x_2 + x_3 = -1 \\ x_1 + x_2 + x_3 = 6 \\ 3x_1 + x_2 - 2x_3 = -1 \end{cases}$$

2. 用矩阵的初等行变换解下列各线性方程组：

(1) $\begin{cases} 2x_1 - 2x_2 + 3x_3 - 4x_4 = 6 \\ 2x_1 + 2x_2 - x_3 + x_4 = 5 \\ x_1 - 2x_2 + x_4 = -1 \\ -4x_2 + 5x_3 - 2x_4 = -2 \end{cases}$

(2) $\begin{cases} x_1 + x_2 + 2x_3 - x_4 = -2 \\ x_1 + 2x_2 + 2x_4 = 4 \\ 2x_1 - x_2 + x_3 - x_4 = -3 \\ 3x_1 + 4x_2 - x_3 + 3x_4 = 8 \end{cases}$

(3) $\begin{cases} x_1 + 3x_2 + 5x_3 + 7x_4 = 12 \\ 3x_1 + 5x_2 + 7x_3 + x_4 = 0 \\ 5x_1 + 7x_2 + x_3 + 3x_4 = -3 \\ 7x_1 + x_2 + 3x_3 + 5x_4 = 16 \end{cases}$

5.4 n 元线性方程组解的判定

5.4.1 矩阵的秩

本章前两节,所有例题和习题都是方程组有唯一解。然而,线性方程组可能无解,也可能有无穷多解。为此,下面引进矩阵的秩。

定义 1:满足下列两个条件的矩阵,称为**阶梯形矩阵**:

(1) 各非 0 行的第一个非 0 元素,其列标随着行标的递增而严格增大;

（2）如果矩阵含有 0 行，则 0 行在矩阵的最下方。

【例 1】 用矩阵的初等行变换把 $A=\begin{bmatrix} 0 & 2 & 1 \\ 1 & 1 & 3 \\ -1 & -1 & -1 \\ 2 & 2 & 6 \end{bmatrix}$ 化成阶梯

形矩阵。

解析：$A=\begin{bmatrix} 0 & 2 & 1 \\ 1 & 1 & 3 \\ -1 & -1 & -1 \\ 2 & 2 & 6 \end{bmatrix} \xrightarrow{①\rightleftharpoons②} \begin{bmatrix} 1 & 1 & 3 \\ 0 & 2 & 1 \\ -1 & -1 & -1 \\ 2 & 2 & 6 \end{bmatrix}$

$\xrightarrow[④-①\times2]{③+①} \begin{bmatrix} 1 & 1 & 3 \\ 0 & 2 & 1 \\ 0 & 0 & 2 \\ 0 & 0 & 0 \end{bmatrix}$。

定义 2：在矩阵 A 的阶梯形矩阵中，非 0 行的行数称为矩阵的秩，记作 $R(A)$。

在上述例 1 中，$R(A)=3$。

定义 3：满足下列两个条件的阶梯形矩阵，称为**行简化阶梯形矩阵**：

（1）各非 0 行的第一个非 0 元素都是 1；

（2）上述这个元素 1 所在列的其余元素都是 0；

在上述例 1 中，所得结论矩阵是阶梯形矩阵，但它不是行简化阶梯形矩阵。

【例2】 用矩阵的初等行变换把矩阵 $A = \begin{bmatrix} 1 & -1 & 0 & 2 & 1 \\ 3 & -3 & 0 & 7 & 0 \\ 1 & -1 & 2 & 3 & 2 \\ 2 & -2 & 2 & 5 & 3 \end{bmatrix}$ 化

成行简化阶梯形矩阵。

$$解析:A = \begin{bmatrix} 1 & -1 & 0 & 2 & 1 \\ 3 & -3 & 0 & 7 & 0 \\ 1 & -1 & 2 & 3 & 2 \\ 2 & -2 & 2 & 5 & 3 \end{bmatrix} \xrightarrow[\substack{③-① \\ ④-①×2}]{②-①×3} \begin{bmatrix} 1 & -1 & 0 & 2 & 1 \\ 0 & 0 & 0 & 1 & -3 \\ 0 & 0 & 2 & 1 & 1 \\ 0 & 0 & 2 & 1 & 1 \end{bmatrix}$$

$$\xrightarrow{④-③} \begin{bmatrix} 1 & -1 & 0 & 2 & 1 \\ 0 & 0 & 0 & 1 & -3 \\ 0 & 0 & 2 & 1 & 1 \\ 0 & 0 & 0 & 0 & 0 \end{bmatrix} \xrightarrow{②⟷③} \begin{bmatrix} 1 & -1 & 0 & 2 & 1 \\ 0 & 0 & 2 & 1 & 1 \\ 0 & 0 & 0 & 1 & -3 \\ 0 & 0 & 0 & 0 & 0 \end{bmatrix}$$

$$\xrightarrow[\substack{①-③×2}]{②-③} \begin{bmatrix} 1 & -1 & 0 & 0 & 7 \\ 0 & 0 & 2 & 0 & 4 \\ 0 & 0 & 0 & 1 & -3 \\ 0 & 0 & 0 & 0 & 0 \end{bmatrix} \xrightarrow{②×\frac{1}{2}} \begin{bmatrix} 1 & -1 & 0 & 0 & 7 \\ 0 & 0 & 1 & 0 & 2 \\ 0 & 0 & 0 & 1 & -3 \\ 0 & 0 & 0 & 0 & 0 \end{bmatrix}$$

5.4.2 n 元线性方程组解的判定

定理: 设含有 m 个方程、n 个未知量的线性方程组的矩阵表示为 $AX = B$,

(1) 线性方程 $AX = B$ 有解 $\Leftrightarrow R(A) = R(\overline{A})$;

(2) 设 $R(A) = R(\overline{A}) = r$,

如果 $r = n$,则线性方程组 $AX = B$ 有唯一解;

如果 $r < n$，则线性方程组 $AX = B$ 有无穷多解。

【**例 3**】 判断下列各线性方程组是否有解？如果有解，则指出解的个数。

$$(1)\begin{cases} x_1 - 2x_2 + x_3 = 0 \\ 2x_1 - 3x_2 + x_3 = -4 \\ 4x_1 - 3x_2 - 2x_3 = -2 \\ 3x_1 - 2x_3 = 5 \end{cases} \qquad (2)\begin{cases} x_1 - 2x_2 + x_3 = 0 \\ 2x_1 - 3x_2 + x_3 = -4 \\ 4x_1 - 3x_2 - 2x_3 = -2 \\ 3x_1 - 2x_3 = -42 \end{cases}$$

$$(3)\begin{cases} x_1 - 2x_2 + x_3 = 0 \\ 2x_1 - 3x_2 + x_3 = -4 \\ 4x_1 - 3x_2 - x_3 = -20 \\ 3x_1 - 3x_3 = -24 \end{cases}$$

解析：根据 n 元线性方程组解的判定定理，对增广矩阵施行初等行变换，

(1) $\overline{A} = [A \ B] = \begin{bmatrix} 1 & -2 & 1 & 0 \\ 2 & -3 & 1 & -4 \\ 4 & -3 & -2 & -2 \\ 3 & 0 & -2 & 5 \end{bmatrix} \rightarrow \cdots \rightarrow \begin{bmatrix} 1 & -2 & 1 & 0 \\ 0 & 1 & -1 & -4 \\ 0 & 0 & -1 & 18 \\ 0 & 0 & 0 & 47 \end{bmatrix}$，

因为 $R(A) = 3$，$R(\overline{A}) = 4$，即 $R(A) \neq R(\overline{A})$，所以方程组无解；

(2) $\overline{A} = [A \ B] = \begin{bmatrix} 1 & -2 & 1 & 0 \\ 2 & -3 & 1 & -4 \\ 4 & -3 & -2 & -2 \\ 3 & 0 & -2 & -42 \end{bmatrix} \rightarrow \cdots \rightarrow \begin{bmatrix} 1 & -2 & 1 & 0 \\ 0 & 1 & -1 & -4 \\ 0 & 0 & -1 & 18 \\ 0 & 0 & 0 & 0 \end{bmatrix}$，

因为 $R(A) = R(\overline{A}) = n = 3$，所以方程组有唯一解。

(3) $\overline{A} = [A \ B] = \begin{bmatrix} 1 & -2 & 1 & 0 \\ 2 & -3 & 1 & -4 \\ 4 & -3 & -1 & -20 \\ 3 & 0 & -3 & -24 \end{bmatrix} \rightarrow \cdots \rightarrow \begin{bmatrix} 1 & -2 & 1 & 0 \\ 0 & 1 & -1 & -4 \\ 0 & 0 & 0 & 0 \\ 0 & 0 & 0 & 0 \end{bmatrix}$，

因为 $R(A) = R(\overline{A}) = 2 < n$，所以方程组有无穷多解。

注1：在(1)中，阶梯形矩阵最后一行对应的方程是：$0x_1 + 0x_2 + 0x_3 = 47$。因为不存在这样的数 x_1、x_2、x_3 能满足此式，所以称它为<u>矛盾方程</u>，从而使得方程组无解。

注2：在(2)中，$R(A) = R(\overline{A}) = n$，称非 0 行对应的方程是<u>独立方程</u>，从而使得方程组有唯一解。

注3：在(3)中，$R(A) = R(\overline{A}) = r < n$，称阶梯形矩阵最下方所有 0 行对应的方程是<u>多余方程</u>，从而使方程组有无穷多解。

【例4】 k 取何值时，方程组 $\begin{cases} x_1 - 7x_2 + 4x_3 + 2x_4 = 0 \\ 2x_1 - 5x_2 + 3x_3 + 2x_4 = 1 \\ 5x_1 - 8x_2 + 5x_3 + 4x_4 = 3 \\ 4x_1 - x_2 + x_3 + 2x_4 = k \end{cases}$ 有解？

如果有解，则求出解。

解析：利用矩阵的初等行变换，先把增广矩阵化为阶梯形矩阵，

$$\overline{A} = \begin{bmatrix} 1 & -7 & 4 & 2 & 0 \\ 2 & -5 & 3 & 2 & 1 \\ 5 & -8 & 5 & 4 & 3 \\ 4 & 1 & 1 & 2 & k \end{bmatrix} \rightarrow \cdots \rightarrow \begin{bmatrix} 1 & -7 & 4 & 2 & 0 \\ 0 & 9 & -5 & -2 & 1 \\ 0 & 0 & 0 & 0 & k-3 \\ 0 & 0 & 0 & 0 & 0 \end{bmatrix},$$

令 $k - 3 = 0$，即 $k = 3$ 时，$R(A) = R(\overline{A}) = 2 < n = 4$，则方程组有无穷多解。为了求解，继续将 $\overline{A}$ 的阶梯形矩阵化为<u>行简化阶梯形矩阵</u>，得

$$\bar{A} \rightarrow \begin{bmatrix} 1 & -7 & 4 & 2 & 0 \\ 0 & 9 & -5 & -2 & 1 \\ 0 & 0 & 0 & 0 & 0 \\ 0 & 0 & 0 & 0 & 0 \end{bmatrix} \rightarrow \cdots \rightarrow \begin{bmatrix} 1 & 0 & \frac{1}{9} & \frac{4}{9} & \frac{7}{9} \\ 0 & 1 & -\frac{5}{9} & -\frac{2}{9} & \frac{1}{9} \\ 0 & 0 & 0 & 0 & 0 \\ 0 & 0 & 0 & 0 & 0 \end{bmatrix},$$

根据行简化阶梯形矩阵,取 x_3, x_4 为自由未知量(可以取任意实数的未知量称为<u>自由未知量</u>),则得所求方程组的<u>一般解</u>(无穷多解)为

$$\begin{cases} x_1 = \dfrac{7}{9} - \dfrac{1}{9} x_3 - \dfrac{4}{9} x_4 \\ x_2 = \dfrac{1}{9} + \dfrac{5}{9} x_3 + \dfrac{2}{9} x_4 \end{cases} \quad (x_3, x_4 \text{ 为自由未知量})。$$

【例 5】 用矩阵的初等行变换解方程组 $\begin{cases} x_1 - 2x_2 + 5x_3 - 5x_4 = 0 \\ 2x_1 + 3x_2 - x_3 - 7x_4 = 0 \\ 3x_1 + x_2 + 2x_3 - 7x_4 = 0 \\ 4x_1 + x_2 - 3x_3 + 6x_4 = 0 \end{cases}$

定义:在线性方程组 $AX = B$ 中,如果 $B = 0$,则称 $AX = 0$ 是<u>齐次线性方程组</u>。

推论:齐次线性方程组 $AX = 0$ 有非 0 解 $\Leftrightarrow R(A) < n$。

解析:根据判定定理的推论,先把系数矩阵 A 化成阶梯形矩阵,

$$A = \begin{bmatrix} 1 & -2 & 5 & -5 \\ 2 & 3 & -1 & -7 \\ 3 & 1 & 2 & -7 \\ 4 & 1 & -3 & 6 \end{bmatrix} \rightarrow \cdots \rightarrow \begin{bmatrix} 1 & -2 & 5 & -5 \\ 0 & 1 & -6 & \frac{23}{2} \\ 0 & 0 & 1 & -\frac{5}{2} \\ 0 & 0 & 0 & 0 \end{bmatrix},$$

因为 $R(A) = 3 < n = 4$,所以所求解的齐次线性方程组有非 0 解。

为了求解,继续将 A 的阶梯形矩阵化为行简化阶梯形矩阵,得

$$A \rightarrow \begin{bmatrix} 1 & -2 & 5 & -5 \\ 0 & 1 & -6 & \frac{23}{2} \\ 0 & 0 & 1 & -\frac{5}{2} \\ 0 & 0 & 0 & 0 \end{bmatrix} \rightarrow \cdots \rightarrow \begin{bmatrix} 1 & 0 & 0 & \frac{1}{2} \\ 0 & 1 & 0 & -\frac{7}{2} \\ 0 & 0 & 1 & -\frac{5}{2} \\ 0 & 0 & 0 & 0 \end{bmatrix},$$

根据行简化阶梯形矩阵,取 x_4 为自由未知量,则得所求齐次线性方程的一般解(无穷多个非 0 解)为

$$\begin{cases} x_1 = -\dfrac{1}{2}x_4 \\[2mm] x_2 = \dfrac{7}{2}x_4 \quad (x_4 \text{ 为自由未知量})。 \\[2mm] x_3 = \dfrac{5}{2}x_4 \end{cases}$$

练习题 5.4

1. 求下列各矩阵 A 的秩 $R(A)$:

$(1)\ A = \begin{bmatrix} 0 & 2 & -1 \\ 1 & 1 & 2 \\ -1 & -1 & -1 \end{bmatrix}$
$(2)\ A = \begin{bmatrix} 1 & 0 & 1 & 1 & 0 & 1 & 1 \\ 1 & 1 & 0 & 1 & 1 & 0 & 0 \\ 1 & 0 & 1 & 2 & 1 & 0 & 1 \\ 2 & 1 & 1 & 3 & 2 & 0 & 1 \end{bmatrix}$

2. 判断下列各线性方程组是否有解?如果有解,则求出解。

$(1)\ \begin{cases} x_1 + x_2 + x_3 + x_4 = 4 \\ 2x_1 + 3x_2 + x_3 + x_4 = 9 \\ -3x_1 + 2x_2 - 8x_3 - 8x_4 = -4 \end{cases}$

$$(2)\begin{cases} x_1 & + x_2 & + x_3 & +2x_4 = & 3 \\ 2x_1 & - x_2 & +3x_3 & +8x_4 = & 8 \\ -3x_1 & +2x_2 & - x_3 & -9x_4 = & -5 \\ & x_2 & -2x_3 & -3x_4 = & -4 \end{cases}$$

3. a、b 取何值时,下列线性方程组:(1) 无解;(2) 有唯一解;

(3) 有无穷多解。如果有无穷多解,则求出一般解。

$$\begin{cases} x_1 +2x_2 +3x_3 =1 \\ x_1 +3x_2 +6x_3 =2 \\ 2x_1 +3x_2 +ax_3 =b \end{cases}$$

4. 求下列各齐次线性方程组的一般解:

$$(1)\begin{cases} x_1 + x_2 +2x_3 -x_4 =0 \\ 2x_1 + x_2 + x_3 -x_4 =0 \\ 2x_1 +2x_2 + x_3 +x_4 =0 \end{cases} \qquad (2)\begin{cases} x_1 -2x_2 + x_3 - x_4 =0 \\ 2x_1 + x_2 - x_3 + x_4 =0 \\ x_1 +7x_2 -5x_3 +5x_4 =0 \\ 3x_1 - x_2 -2x_3 +2x_4 =0 \end{cases}$$

5.5 矩阵的运算

5.5.1 矩阵的加法与减法

定义 1:设矩阵 A 与 B 的行数、列数分别相等,则称 A 与 B 是<u>同型矩阵</u>。

定义 2:设 A 与 B 是同型矩阵,如果 A 与 B 的对应元素相等,则称矩阵 A 与 B <u>相等</u>,记作 $A=B$。

定义3：设两个同型矩阵 $A=[a_{ij}]_{m\times n}$，$B=[b_{ij}]_{m\times n}$，$(i=1,2,\cdots,m;j=1,2,\cdots,n)$，则 $A\pm B=[a_{ij}\pm b_{ij}]_{m\times n}$。

不难验证，矩阵的加法满足下列算律：

（1）交换律：$A+B=B+A$；

（2）结合律：$(A+B)+C=A+(B+C)$。

【例1】 设 $A=\begin{bmatrix} 1 & -2 & 3 \\ 2 & 0 & 1 \end{bmatrix}$，$B=\begin{bmatrix} -1 & 2 & -3 \\ 1 & 0 & -1 \end{bmatrix}$，求 $A+B$。

解析： $A+B=\begin{bmatrix} 1-1 & -2+2 & 3-3 \\ 2+1 & 0+0 & 1-1 \end{bmatrix}=\begin{bmatrix} 0 & 0 & 0 \\ 3 & 0 & 0 \end{bmatrix}$。

5.5.2 数乘矩阵

定义4：设 k 为任意实数，$A=[a_{ij}]_{m\times n}$，则 $k\cdot A=[k\cdot a_{ij}]_{m\times n}$。

不难验证，数乘矩阵满足下列算律：

（1）结合律：$(kt)A=k(tA)$（t 为任意实数）；

（2）数对矩阵的分配律：$k(A+B)=kA+kB$；

（3）矩阵对数的分配律：$(k+t)A=kA+tA$。

【例2】 设 $A=\begin{bmatrix} 3 & -2 & 7 & 5 \\ 1 & 0 & 4 & -3 \\ 6 & 8 & 0 & 2 \end{bmatrix}$，$B=\begin{bmatrix} -2 & 0 & 1 & 4 \\ 5 & -2 & 7 & 6 \\ 4 & -2 & 1 & -9 \end{bmatrix}$，

求 $3A-2B$。

解析： $3A-2B=$

$$\begin{bmatrix} 3\times 3+2\times 2 & 3\times(-2)-2\times 0 & 3\times 7-2\times 1 & 3\times 5-2\times 4 \\ 3\times 1-2\times 5 & 3\times 0+2\times 2 & 3\times 4-2\times 7 & 3\times(-3)-2\times 6 \\ 3\times 6-2\times 4 & 3\times 8+2\times 2 & 3\times 0-2\times 1 & 3\times 2+2\times 9 \end{bmatrix}$$

$$= \begin{bmatrix} 13 & -6 & 19 & 7 \\ -7 & 4 & -2 & -21 \\ 10 & 28 & -2 & 24 \end{bmatrix}。$$

5.5.3 矩阵的乘法

【引例】 2020 年春节期间,湖北武汉发生了大规模新冠病毒疫情后,有甲、乙两个公司迅速采购了大米、面粉、方便面三种抗疫救灾物资送往灾区。两个公司采购的三种物资的数量如表 5-1 所示,三种物资的采购价、运输费如表 5-2 所示。

表 5-1

	大米(吨)	面粉(吨)	方便面(箱)
甲	60	50	800
乙	50	80	1 000

表 5-2

	大米(元/吨)	面粉(元/吨)	方便面(元/箱)
采购价	3 500	2 200	36
运输费	20	20	5

问题 1: 为了方便研究有关理论,上述两个数表用矩阵表示如下:

$$A = \begin{bmatrix} 60 & 50 & 800 \\ 50 & 80 & 1\ 000 \end{bmatrix}, B = \begin{bmatrix} 3\ 500 & 20 \\ 2\ 200 & 20 \\ 36 & 5 \end{bmatrix}。$$

问题 2: (1) 如果设甲公司的采购费、运输费分别为 c_{11}、c_{12},则

$c_{11} = 60 \times 3\ 500 + 50 \times 2\ 200 + 800 \times 36 = 348\ 800,$

$c_{12}=60\times20+50\times20+800\times5=6\ 200$；

（2）如果设乙公司的采购费、运输费分别为 c_{21}、c_{22}，则

$c_{21}=50\times3\ 500+80\times2\ 200+1\ 000\times36=38\ 7000$，

$c_{22}=50\times20+80\times20+1\ 000\times5=7\ 600$。

这样，甲、乙两个公司的采购费、运输费用矩阵表示如下：

$$C=\begin{bmatrix}c_{11}&c_{12}\\c_{21}&c_{22}\end{bmatrix}=\begin{bmatrix}348\ 800&6\ 200\\387\ 000&7\ 600\end{bmatrix}。$$

定义 4：设矩阵 $A=[a_{ij}]_{m\times s}$，$B=[b_{ij}]_{s\times n}$，则称 $C=[c_{ij}]_{m\times n}$ 是矩阵 A 与 B 的**乘积**，记作 $C=AB$。其中，

$$c_{ij}=a_{i1}b_{1j}+a_{i2}b_{2j}+\cdots+a_{is}b_{sj}\ (i=1,2,\cdots,m；j=1,2,\cdots,n)。$$

注 1：由矩阵乘法的引例和定义知，对于乘积 AB，当且仅当**左矩阵 A** 的列数等于**右矩阵 B** 的行数时，A 与 B 才能相乘。否则，AB 无意义。

注 2：矩阵乘法运算结果 C 矩阵的行数是由左矩阵 A 的行数确定，C 矩阵的列数是由右矩阵 B 的列数确定。

注 3：不难验证，矩阵的乘法满足下列算律：

（1）乘法结合律：$(AB)C=A(BC)$；

（2）左分配律：$A(B+C)=AB+AC$，

右分配律：$(B+C)A=BA+CA$；

（3）数乘结合律：$k(AB)=(kA)B=A(kB)$，其中 k 为任意实数。

【例 3】 设 $A=\begin{bmatrix}1&-1\\2&0\\3&1\end{bmatrix}$，$B=\begin{bmatrix}2&0\\1&-1\end{bmatrix}$，乘法 AB、BA 能否进

行？如果能，则求出乘积。

解析：对于 BA，因为左矩阵 B 的列数不等于右矩阵 A 的行数，所以 BA 不能进行，即 BA 无意义。对于 AB，因为左矩阵 A 的列数等于右矩阵 B 的行数，所以 AB 能进行，且 AB 为 3×2 阶矩阵：

$$AB = \begin{bmatrix} 1\times2+(-1)\times1 & 1\times0+(-1)\times(-1) \\ 2\times2+0\times1 & 2\times0+0\times(-1) \\ 3\times2+1\times1 & 3\times0+1\times(-1) \end{bmatrix} = \begin{bmatrix} 1 & 1 \\ 4 & 0 \\ 7 & -1 \end{bmatrix}。$$

【例 4】 设 $A = \begin{bmatrix} 1 & -1 \\ -1 & 1 \end{bmatrix}$，$B = \begin{bmatrix} 1 & 1 \\ -1 & -1 \end{bmatrix}$，$C = \begin{bmatrix} 2 & 0 \\ 0 & -2 \end{bmatrix}$，分别求 AB, BA, AC。

解析：$AB = \begin{bmatrix} 2 & 2 \\ -2 & -2 \end{bmatrix}$，$BA = \begin{bmatrix} 0 & 0 \\ 0 & 0 \end{bmatrix}$，$AC = \begin{bmatrix} 2 & 2 \\ -2 & -2 \end{bmatrix}$。

注 1：由例 4 知，<u>矩阵的乘法不满足交换律</u>：一般地，$AB \neq BA$。特别地，如果 $AB = BA$，则称 A 与 B <u>可交换</u>。对于任意方阵 A，总有

$$AE = EA = A。$$

注 2：由例 4 知，<u>矩阵的乘法不满足消去律</u>：$AB = AC \nRightarrow B = C$。

注 3：由例 4 知，$A \neq 0$，$B \neq 0$ 但可能 $AB = 0$。因此：$AB = 0 \nRightarrow A = 0$ 或 $B = 0$。

5.5.4 矩阵的转置

定义 6：设矩阵 $A = [a_{ij}]_{m\times n}$，把 A 的行与列互换位置，得到的新矩阵，称为 A 的**转置矩阵**，记作 A^T，即 $A^T = [a_{ji}]_{n\times m}$。

不难验证，矩阵的转置满足下列算律：

(1) $(A^T)^T = A$；　　　　　　(2) $(A+B)^T = A^T + B^T$；

(3) $(AB)^T = B^T A^T$；　　　(4) $(kA)^T = kA^T$（k 为任意实数）。

【例 5】　设 $A = \begin{bmatrix} 0 & 1 & 2 \\ 1 & 0 & 1 \end{bmatrix}$，$B = \begin{bmatrix} 2 & 1 \\ 1 & 0 \\ 3 & 1 \end{bmatrix}$，分别求 A^T，B^T，

AB，$B^T A^T$。

解析：$A^T = \begin{bmatrix} 0 & 1 \\ 1 & 0 \\ 2 & 1 \end{bmatrix}$，$B^T = \begin{bmatrix} 2 & 1 & 3 \\ 1 & 0 & 1 \end{bmatrix}$，

$$AB = \begin{bmatrix} 0\times2+1\times1+2\times3 & 0\times1+1\times0+2\times1 \\ 1\times2+0\times1+1\times3 & 1\times1+0\times0+1\times1 \end{bmatrix} = \begin{bmatrix} 7 & 2 \\ 5 & 2 \end{bmatrix},$$

$$B^T A^T = (AB)^T = \begin{bmatrix} 7 & 5 \\ 2 & 2 \end{bmatrix}.$$

5.5.5　逆矩阵

定义 7：设 A 为 n 阶方阵，如果存在 n 阶方阵 B，使得 $AB = BA = E_n$，则称 A 可逆，并称 B 是 A 的逆矩阵，记作 $A^{-1} = B$。

注 1：由定义 7 知，非 n 阶方阵不可逆，即非 n 阶方阵的逆矩阵不存在；

注 2：根据定义 7，可以证明下列逆矩阵的性质：

（1）如果 A 可逆，则 A 的逆 A^{-1} 唯一；

（2）如果 A 可逆，则 A^{-1} 也可逆，且 $(A^{-1})^{-1} = A$；

（3）如果 n 阶方阵 A 与 B 均可逆，则 AB 也可逆，且 $(AB)^{-1} = B^{-1} A^{-1}$；

（4）如果 A 可逆，则 A^T 也可逆，且 $(A^T)^{-1} = (A^{-1})^T$。

定理:如果 A 可逆,则经过一系列矩阵的初等行变换,A 可以化为单位矩阵 E。

方法:将 n 阶方阵 A 与 n 阶单位矩阵 E 写成 $n \times 2n$ 阶矩阵 $[A \quad E]$,对此施行一系列矩阵的初等行变换,当 A 化为 E 时,E 就化为 A^{-1},即

$$[A \quad E] \xrightarrow{\text{初等行变换}} \cdots \rightarrow [E \quad A^{-1}]。$$

【例6】 设矩阵 $A = \begin{bmatrix} 1 & -1 & 0 \\ -1 & 2 & 1 \\ 2 & 2 & 3 \end{bmatrix}$,求逆矩阵 A^{-1}。

解析: $[A \quad E] = \begin{bmatrix} 1 & -1 & 0 & 1 & 0 & 0 \\ -1 & 2 & 1 & 0 & 1 & 0 \\ 2 & 2 & 3 & 0 & 0 & 1 \end{bmatrix}$

$\xrightarrow[\text{③}-\text{①}\times 2]{\text{②}+\text{①}} \begin{bmatrix} 1 & -1 & 0 & 1 & 0 & 0 \\ 0 & 1 & 1 & 1 & 1 & 0 \\ 0 & 4 & 3 & -2 & 0 & 1 \end{bmatrix}$

$\xrightarrow{\text{③}-\text{②}\times 4} \begin{bmatrix} 1 & -1 & 0 & 1 & 0 & 0 \\ 0 & 1 & 1 & 1 & 1 & 0 \\ 0 & 0 & -1 & -6 & -4 & 1 \end{bmatrix}$

$\xrightarrow{\text{③}\times(-1)} \begin{bmatrix} 1 & -1 & 0 & 1 & 0 & 0 \\ 0 & 1 & 1 & 1 & 1 & 0 \\ 0 & 0 & 1 & 6 & 4 & -1 \end{bmatrix}$

$\xrightarrow{\text{②}-\text{③}} \begin{bmatrix} 1 & -1 & 0 & 1 & 0 & 0 \\ 0 & 1 & 0 & -5 & -3 & 1 \\ 0 & 0 & 1 & 6 & 4 & -1 \end{bmatrix}$

$$\xrightarrow{① + ②} \begin{bmatrix} 1 & 0 & 0 & -4 & -3 & 1 \\ 0 & 1 & 0 & -5 & -3 & 1 \\ 0 & 0 & 1 & 6 & 4 & -1 \end{bmatrix},$$

所以所求逆矩阵 $A^{-1} = \begin{bmatrix} -4 & -3 & 1 \\ -5 & -3 & 1 \\ 6 & 4 & -1 \end{bmatrix}$。

练习题 5.5

1. 设 $A = \begin{bmatrix} 2 & -3 & 1 \\ 1 & 4 & -2 \end{bmatrix}$，$B = \begin{bmatrix} -2 & 1 & 5 \\ 0 & 2 & 3 \end{bmatrix}$，求 $A+B$。

2. 设 $A = \begin{bmatrix} 3 & -1 & 2 \\ 0 & 4 & 1 \end{bmatrix}$，$B = \begin{bmatrix} 3 & 0 & 2 \\ -3 & -4 & 0 \end{bmatrix}$，求 $3A-2B$。

3. 解矩阵方程（求满足矩阵等式中的未知矩阵 X）：

$$\begin{bmatrix} 1 & 2 & 3 \\ 2 & 0 & 1 \end{bmatrix} + X = \begin{bmatrix} 0 & -1 & 2 \\ 3 & 0 & 1 \end{bmatrix}。$$

4. 设 $A = \begin{bmatrix} 2 & 0 & 1 \\ 1 & -3 & -2 \end{bmatrix}$，$B = \begin{bmatrix} 1 & 0 & 2 & 4 \\ 2 & -3 & 1 & 0 \\ -1 & 0 & 3 & -2 \end{bmatrix}$，求 $(AB)^T$。

（要求写出两种解法）。

5. 求下列各矩阵 A 的逆矩阵：

(1) $A = \begin{bmatrix} 1 & 2 & 3 \\ 2 & 2 & 1 \\ 3 & 4 & 3 \end{bmatrix}$；   (2) $A = \begin{bmatrix} 0 & 2 & -1 \\ 1 & 1 & 2 \\ -1 & -1 & -1 \end{bmatrix}$。

6. 设 $A = \begin{bmatrix} 2 & 3 & 3 \\ 1 & -1 & 0 \\ -1 & 2 & 1 \end{bmatrix}$，$B = \begin{bmatrix} 2 & 1 \\ 5 & 3 \end{bmatrix}$，$C = \begin{bmatrix} 1 & 3 \\ 2 & 0 \\ 3 & 1 \end{bmatrix}$，解矩阵方程

$AXB = C$。（提示：$A^{-1}AXBB^{-1} = A^{-1}CB^{-1}$）。

第6章　数学归纳法与递归函数

6.1　数学归纳法

6.1.1　数学归纳法的概念

根据一系列有限的特殊事件,得出一般性结论的推理方法,称为归纳法。数学归纳法,主要是用来证明与正整数 n 有关的命题。

引例:对于"多米诺骨牌"游戏,玩法要点如下:

(1) 人为推倒第一颗骨牌;

(2) 每当第 k 颗骨牌倒下,都能推倒第 $k+1$ 颗骨牌。

于是,不论有多少颗骨牌,一定都能全部倒下。

定义:证明一个与正整数 n 有关的命题,可以按照下列步骤进行:

(1)(归纳奠基)证明 $n=n_0(n_0\in\mathbf{N}_+)$ 时命题正确;

(2)(归纳递推)假设 $n=k(k\geqslant n_0,k\in\mathbf{N}_+)$ 时命题正确,证明 $n=k+1$ 时命题也正确。

只要完成这两个步骤,就可以断定命题对于从 n_0 开始的所有正整数 n 都正确。此法称为<u>数学归纳法</u>。

【例1】 求证 $1^3+2^3+3^3+\cdots+n^3=\left[\dfrac{1}{2}n(n+1)\right]^2\cdots\cdots$①

证明：(1) $n=1$ 时，左边 $=1^3=1$，右边 $=\left[\dfrac{1}{2}\times 1\times(1+1)\right]^2=1$，

所以 $n=1$ 时①式正确。

(2) 假设 $n=k(k\in \mathbf{N}_+)$ 时①式正确，即

$$1^3+2^3+3^3+\cdots+k^3=\left[\dfrac{1}{2}k(k+1)\right]^2\cdots\cdots②，$$

则因为

$1^3+2^3+3^3+\cdots+k^3+(k+1)^3$ <u>将②式代入，得</u>

$=\left[\dfrac{1}{2}k(k+1)\right]^2+(k+1)^3$ <u>前后两项提取公因子</u>

$=\left[\dfrac{1}{2}(k+1)\right]^2\times\left[k^2+4(k+1)\right]$ <u>利用 $(a+b)^2=a^2+2ab+b^2$</u>

$=\left[\dfrac{1}{2}(k+1)\right]^2(k+2)^2$ <u>利用 $(ab)^2=a^2b^2$</u>

$=\left[\dfrac{1}{2}(k+1)(k+1+1)\right]^2$ <u>用 $(k+1)$ 代替②式中的 k</u>

所以 $n=k+1$ 时①式也正确。

所以由(1)(2)知，对于一切正整数 n，①式都正确。

注1：在数学归纳法的定义中，对于 n 取的第 1 个值 n_0，可以是 $n_0=1$，也可以是 $n_0\ne 1$，这要根据具体问题确定（参见下列例 2、例 3）。

注2：数学归纳法定义中的两个步骤，缺一不可。(1) 是归纳奠基，没有(1)，(2)就无从谈起。(2) 是归纳递推，它是解决"从有限到无限"的问题，这才是数学归纳法的本原。所以，$n=1$ 时命题正确，n

＝2 时命题正确，$n=3$ 时命题正确，$n=1000$ 时命题正确，甚至 $n=$ 10000 时命题正确，也不能断定命题对于所有的正整数 n 都正确（反例见下列例 4）。

【例2】 求证 $n \geq 5$ 时 $2^n > n^2$。……①

证明：(1) $n=5$ 时，$2^5 = 32, 5^2 = 25$，所以 $2^5 > 5^2$，

所以 $n=5$ 时①式正确。

(2) 假设 $n=k (k \geq 5)$ 时①式正确，即 $2^k > k^2$……②

则因为 $2^{k+1} = 2 \times 2^k$ <u>将②式代入，得</u>

$$> 2 \times k^2 = k^2 + k \times k \ \underline{将 \ k \geq 5 \ 代入，得}$$

$$\geq k^2 + 5k = k^2 + 2k + 3k \ \underline{将 \ 3k > 1 \ 代入，得}$$

$$> k^2 + 2k + 1$$

$$= (k+1)^2 \ \underline{用 (k+1) 代替②式中的 \ k}$$

所以 $n=k+1$ 时①式也正确。

所以由 (1)(2) 知，对于一切 $n \geq 5$ 的正整数 n，①式都正确。

【例3】 求证 $n \geq -4$ 时 $(n+3)(n+4) \geq 0$。………………①

证明：(1) $n=-4$ 时，①式显然正确。

(2) 假设 $n=k (k \geq -4)$ 时①式正确，

即 $(k+3)(k+4) \geq 0$………………………………②

则因为 $(k+1+3)(k+1+4)$

$$= (k+4)(k+5)$$

$$= k^2 + 9k + 20$$

$$= (k^2 + 7k + 12) + 2k + 8 \ \underline{由 \ k \geq -4 \ 时 \ 2k+8 \geq 0，得}$$

$$\geq (k+3)(k+4) \underline{将②式代入，得}$$

$\geqslant 0$ 用 $(k+1)$ 代替②式中的 k

所以 $n=k+1$ 时①式也正确。

所以由(1)(2)知,对于一切 $n\geqslant-4$ 的整数 n,①式都正确。

【例 4】 (反例)设关于 n 的表达式 $f(n)=2^{2^{n}}+1$,则 $n=0,1,2,$ 3,4 时,

$$f(0)=3,f(1)=5,f(2)=17,f(3)=257,f(4)=65\ 537。$$

因为这五个数都是素数(只能被 1 和自身整除的正整数,称为<u>素数</u>,也称为<u>质数</u>),所以费尔马(Fermat)猜想:对于一切自然数 n,$f(n)$ 都是素数。但这是一个不幸的猜测,欧拉(Euler)指出,$n=5$ 时,

$$f(5)=2^{2^{5}}+1=641\times6\ 700\ 417。$$

6.1.2 数学归纳法的延伸

针对上述例 1 中的①式(如下列所示),华罗庚先生在 1963 年 11 月指出:利用数学归纳法证明①式正确固然重要,但更重要的是,①式右端的表达式是怎么猜想出来的?

$$1^{3}+2^{3}+3^{3}+\cdots+n^{3}=\left[\frac{1}{2}n(n+1)\right]^{2}\cdots\cdots①$$

注 1:为了解释清楚华罗庚先生的问题,便于理论研究,现将具体的①式改写为下列一般的②式,称为<u>求和表达式</u>

$$a_{1}+a_{2}+a_{3}+\cdots+a_{n}=f(n)\cdots\cdots②$$

注 2:于是,华罗庚先生提出的是下列两个问题:在求和表达式中,

问题 1:在一定条件下,先猜想 a_{n} 的表达式,再用数学归纳法证明之;

问题 2:在一定条件下,先猜想 $f(n)$ 的表达式,再用数学归纳法证明之。

【例 5】 已知求和表达式中 $a_1=3$,$a_{n+1}=3a_n-4n$,计算 a_2,a_3,猜想 a_n 的表达式,并用数学归纳法证明之。

解析: $a_1=3$,

$a_2=3\times3-4\times1=5$,

$a_3=3\times5-4\times2=7$,

所以有理由猜想 $a_n=2n+1$……①

证明:(1) $n=1$ 时,由①式得 $a_1=2\times1+1=3$。这与已知 $a_1=3$ 比较,

所以 $n=1$ 时①式正确。

(2) 假设 $n=k$ 时①式正确,即 $a_k=2k+1$……②

则因为 $a_{k+1}=3a_k-4k$ 将②式代入,得

$$=3(2k+1)-4k$$

$$=2k+3$$

$$=2(k+1)+1 \text{ 用}(k+1)\text{代替②式中的 }k$$

所以 $n=k+1$ 时①式也正确。

所以由(1)(2)知,对于一切正整数 n,①式都正确。

【例 6】 已知求和表达式中 $a_1=\dfrac{1}{1\times4}$,$a_2=\dfrac{1}{4\times7}$,$a_3=\dfrac{1}{7\times10}$,$a_n=\dfrac{1}{(3n-2)(3n+1)}$,计算 $f(1)$,$f(2)$,$f(3)$,$f(4)$,

猜想 $f(n)$ 的表达式,并用数学归纳法证明之。

解析： $f(1)=a_1=\dfrac{1}{1\times 4}=\dfrac{1}{4}$，

$f(2)=a_1+a_2=\dfrac{1}{4}+\dfrac{1}{4\times 7}=\dfrac{2}{7}$，

$f(3)=a_1+a_2+a_3=\dfrac{2}{7}+\dfrac{1}{7\times 10}=\dfrac{3}{10}$，

因为由 $a_n=\dfrac{1}{(3n-2)(3n+1)}$，得 $a_4=\dfrac{1}{10\times 13}$，

所以 $f(4)=a_1+a_2+a_3+a_4=\dfrac{3}{10}+\dfrac{1}{10\times 13}=\dfrac{4}{13}$。

因为由四个计算结果的分数可见：

分子与 $f(1)$、$f(2)$、$f(3)$、$f(4)$ 中的 n 一致，即分子 $=n$，

分母与 a_n 的分母中第二个因子一致，即分母 $=3n+1$，

所以有理由猜想 $f(n)=\dfrac{n}{3n+1}$。

亦即 $\dfrac{1}{1\times 4}+\dfrac{1}{4\times 7}+\dfrac{1}{7\times 10}+\cdots+\dfrac{1}{(3n-2)(3n+1)}=\dfrac{n}{3n+1}$

······Ⓐ

证明：（1）$n=1$ 时，左边 $=a_1=\dfrac{1}{4}$，右边 $=\dfrac{1}{3\times 1+1}=\dfrac{1}{4}$，

所以 $n=1$ 时Ⓐ式正确。

（2）假设 $n=k(k\in \mathbf{N}_+)$ 时Ⓐ式正确，即

$\dfrac{1}{1\times 4}+\dfrac{1}{4\times 7}+\dfrac{1}{7\times 10}+\cdots+\dfrac{1}{(3k-2)(3k+1)}=\dfrac{k}{3k+1}$

······Ⓑ

则因为

$$\frac{1}{1\times4}+\frac{1}{4\times7}+\frac{1}{7\times10}+\cdots+\frac{1}{(3k-2)(3k+1)}$$

$$+\frac{1}{[3(k+1)-2][3(k+1)+1]}$$

$$=\frac{k}{3k+1}+\frac{1}{(3k+1)(3k+4)}\underline{\text{将}\textcircled{B}\text{式代入等号前,得此等号后}}$$

$$=\frac{k(3k+4)+1}{(3k+1)(3k+4)}$$

$$=\frac{3k^2+3k+k+1}{(3k+1)(3k+4)}$$

$$=\frac{3k(k+1)+(k+1)}{(3k+1)(3k+4)}$$

$$=\frac{(k+1)(3k+1)}{(3k+1)(3k+4)}$$

$$=\frac{k+1}{3(k+1)+1}\underline{\text{用}(k+1)\text{代替}\textcircled{B}\text{式中的}k}$$

所以 $n=k+1$ 时 Ⓐ 式也正确。

所以由(1)(2)知,对于一切正整数 n,Ⓐ式都正确。

练习题 6.1

1. 设 $n\in\mathbf{N}_+$,试用数学归纳法证明:

(1) $1+2+3+\cdots+n=\dfrac{1}{2}n(n+1)$;

(2) $1+3+5+\cdots+(2n-1)=n^2$;

(3) $1+2+2^2+2^3+\cdots+2^{n-1}=2^n-1$;

(4) $1^2-2^2+3^2-4^2+\cdots+(-1)^{n-1}\cdot n^2=(-1)^{n-1}\cdot\dfrac{n(n+1)}{2}$;

(5) $\dfrac{1}{1\times3}+\dfrac{1}{3\times5}+\dfrac{1}{5\times7}+\cdots+\dfrac{1}{(2n-1)(2n+1)}=\dfrac{n}{2n+1}$。

2. 在求和表达式中,已知 $a_1=1,a_{n+1}=\dfrac{a_n}{1+a_n}$,计算 a_2,a_3,a_4,猜想 a_n 的表达式,并用数学归纳法证明之。

3. 在求和表达式中,已知 $a_1=\dfrac{1}{1\times2},a_2=\dfrac{1}{2\times3},a_3=\dfrac{1}{3\times4},a_n$

$=\dfrac{1}{(2n-1)(2n+1)}$,计算 $f(1),f(2),f(3),f(4)$,猜想

$f(n)$ 的表达式,并用数学归纳法证明之。

4. 设常数 $d\neq0,n\in\mathbf{N}_+$,试用数学归纳法证明下列求和表达式:

$a_1+(a_1+d)+(a_1+2d)+\cdots+[a_1+(n-1)d]$

$=na_1+\dfrac{n(n-1)}{2}d$。

5. 设常数 $q\neq1,n\in\mathbf{N}_+$,试用数学归纳法证明下列求和表达式:

$$a_1+a_1q+a_1q^2+\cdots+a_1q^{n-1}=\dfrac{a_1(1-q^n)}{1-q}。$$

6.2 递归函数(阅读)

引言:由上节知,在求和表达式(即下列①式)中,因为 n 是正整数,所以由下列①式,立即可得下列②式

$$a_1 + a_2 + a_3 + \cdots + a_{n-1} + a_n = f(n) \cdots\cdots ①$$

$$a_1 + a_2 + a_3 + \cdots + a_{n-1} = f(n-1) \cdots\cdots ②$$

注1：由上述，①－②，得下列③式，即以 n 为自变量的递归关系的函数

$$f(n) - f(n-1) = a_n \cdots\cdots ③$$

注2：显然，如果知道了③式，就可以作出一个①式。这也就是说，③式本身就是用数学归纳法定义的、以正整数 n 为自变量的函数 $f(n)$：已知 $f(1) = a_1$，假设已知 $f(k-1)$，则由 $f(k) = f(k-1) + a_k$ 就可以定义出 $f(k)$。因此，所谓"递归函数"，只是数学归纳法的重申。

注3：一般地，递归函数是定义在正整数集 N_+ 上的函数 $f(n)$：(1) $f(1)$ 有定义；(2) 如果知道了 $f(1), f(2), \cdots, f(k)$，则知道了 $f(k+1)$。

【例1】 由 $\begin{cases} f(k+1) = f(k) + k, \\ f(1) = 1 \end{cases}$

可以定义一个递归函数。这是因为，利用计算知，$f(1) = 1$，

$f(2) = f(1) + 1 = 1 + 1 = 2,\quad f(3) = f(2) + 2 = 2 + 2 = 4,$

$f(4) = f(3) + 3 = 4 + 3 = 7,\quad f(5) = f(4) + 4 = 7 + 4 = 11,$

$\cdots\cdots\quad\cdots\cdots\qquad\qquad\cdots\cdots\quad\cdots\cdots$

于是，可以得出这个递归函数就是 $f(k) = \dfrac{1}{2}k(k-1) + 1$。

于是，利用数学归纳法可以证明（必须证明）：

对于一切正整数 n，$f(n) = \dfrac{1}{2}n(n-1) + 1$ 都正确。

说明:递归函数的给出形式,可以是多种多样的(参见下列例2)。

【例2】 由 $f(k+1)=3f(k)-2f(k-1)$ 可以定义一个递归函数。

但这里需要有两个初始值,例如 $f(0)=2,f(1)=3$。

下列先证明,这样的初始值是 $f(n)=2^n+1$ ……Ⓐ

证明:(1) $n=0,1$ 时,$f(0)=2^0+1=2,f(1)=2^1+1=3$,

这与已知初始值 $f(0)=2,f(1)=3$ 比较,

所以 $n=0,1$ 时Ⓐ式正确。

(2)假设 $n=k$ 时Ⓐ式正确,即

$f(k)=2^k+1,f(k-1)=2^{k-1}+1$ ……Ⓑ

则因为 $f(k+1)=3f(k)-2f(k-1)$ 将Ⓑ式代入,得

$$=3(2^k+1)-2(2^{k-1}+1)$$

$$=3\times 2^k+3-2^k-2$$

$$=2\times 2^k+1$$

$$=2^{k+1}+1$$ 用 $(k+1)$ 代替Ⓑ式中的 k

所以 $n=k+1$ 时Ⓐ式也正确。

所以由(1)(2)知,对于一切自然数 n,Ⓐ式都正确。

说明:这里的 $f(n)=2^n+1$ 是怎样猜想出来的?

方法1:仿上节例6,先计算 $f(0)=2,f(1)=3,f(2)=5,\cdots$,再归纳猜想;

方法2:由已知递归函数 $f(k+1)=3f(k)-2f(k-1)$,得

$f(k+1)-f(k)=2[f(k)-f(k-1)]$,

由此猜想 $f(n)=2^n+1$ 更容易一些。